宝宝分龄喂养指导

——如何让孩子吃得营养与健康

刘长伟 编著

U0397685

世界图书出版公司

上海 · 西安 · 北京 · 广州

图书在版编目（CIP）数据

宝宝分龄喂养指导：如何让孩子吃得营养与健康 /
刘长伟编著. — 上海：上海世界图书出版公司，2016.1 (2016.3重印)

ISBN 978-7-5192-0539-3

Ⅰ.①宝… Ⅱ.①刘… Ⅲ.①婴幼儿—哺育 Ⅳ.①
TS976.31

中国版本图书馆CIP数据核字 (2015) 第304402号

责任编辑：沈蔚颖
插　　画：崔晨烨

宝宝分龄喂养指导
——如何让孩子吃得营养与健康
刘长伟　编著

上海世界图书出版公司出版发行
上海市广中路88号
邮政编码　200083
上海景条印刷有限公司印刷
如发现印刷质量问题，请与印刷厂联系
（质检科电话：021-59815621）
各地新华书店经销

开本：787×1092　1/16　印张：16.25　字数：320 000
2016年1月第1版　2016年3月第2次印刷
ISBN 978-7-5192-0539-3 / T·218
定价：38.00元
http://www.wpcsh.com.cn
http://www.wpcsh.com

　　这本书非常实用，解答了很多父母在育儿过程中遇到的营养难题与困惑！我愿意将它推荐给新手父母以及关爱儿童营养的相关人员。

　　我与本书的作者长伟甚熟，刚认识时他还是一名营养系的研究生。当得知他进入儿童营养工作岗位，我就与他聊道："儿童营养很受父母重视，这项工作很有意义，也会非常有乐趣！好好干，肯定能有所作为。"没有想到，他是那么热爱这份事业，在本职工作的基础上，借助网络进行营养科普，利用其迅速蹿红的微博账号，辛勤地、耐心地回答网友的提问。

　　几年过去了，他一面努力学习营养知识，一面不断提高自己的实践能力。我多次看到他去参加营养方面的培训班来提高自己，同时，也经常阅读到他动笔撰写的一些非常实用的科普短文。他用辛勤劳动换来大家的认可，他的微博粉丝逐渐多了起来，目前已经接近20万人。2014年，他主编的《宝贝，早餐吃什么》出版了。这本书用手把手的方式指导父母如何给孩子做早餐，更重要的是，传达了让父母重视孩子早餐质量的理念。

　　最近得知他着手编著《宝宝分龄喂养指导》一书，更是欣慰，相信会是另一本广受父母欢迎的读物。在营养科普教育方面，虽然有一些权威的指南，但还是需要有人去做解读，将一些专业的叙述，用通俗易懂的形式传达给普通的父母。

　　生命早期的营养意义重大，妈妈孕期的营养，小宝宝出生后的喂养，不仅关系到孩子的生长发育，而且对孩子成年后的健康甚至更多代人的健康走向，都有重要影响。准妈妈和婴幼儿的营养既关系到一个家庭的幸福，也决定社会和民族的未来。这些看起来事关长远和未来的大事，还需要我们从每一位准妈妈和小宝宝日常饮食营养做起。这本书就是我们做好这些事的帮手。

本书从孕期营养安排着手，再到婴幼儿喂养以及儿童期营养问题，涵盖了不同年龄段孩子的饮食安排、疾病期的营养措施以及常见营养与健康问题。既有丰富内容，又具有很强的实用性，建议父母们认真阅读，从中学习知识，更重要的是领会理念，用这些新的理念去育儿，孕育出健康的宝宝，让孩子吃出营养与健康。

汪之顼

南京医科大学公共卫生学院
儿童与青少年营养与卫生学系教授

2015年10月

承蒙南京医科大学附属南京儿童医院营养医师、中国临床营养网顾问和专栏作者刘长伟医师的信任，为其新作《宝宝分龄喂养指导》作序，说几句自己的感想，供亲爱的读者朋友们参考：

1. 信息来源的安全性。今天的世界已进入一个伟大的时代——互联网时代，信息成为人们周围看不见的"空气"，无所不在。我们身处于各种信息的海洋中，面对各种学说手足无措。信息的安全性、可靠性、有效性和适宜性尤为凸显。在纷繁复杂的信息世界中，我们越来越重视信息的可信度，有时甚至超过对信息内容本身的关注程度。

2. 信息传播者的专业度。医院营养师（营养医师、营养技师和营养护师）他们在医院任职，保证了其拥有规范的专业学历教育和专业岗位任职资格；同时，他们日复一日在临床一线为疑难复杂的患者服务，使其拥有了丰富的专业实践经验。医院营养师是宝贵的营养健康教育的传播者，应被社会所尊重和珍视。

3. 扶持专业作者。中医上常讲"扶正祛邪"，无论从社会整体或是小家庭，一方面要警惕"伪科学"；另一方面要真挚热情地扶持投身于大众营养科普的专业作者们。希望我们读者朋友与医学同道一起来爱护和扶持他们，帮助他们就是帮助我们自己。

写一篇科普文章、做一件好事、一时好人容易，但写一世科普文章、做一世好事、一世好人甚是沧桑——越是好事做起来越艰难。一方面刘长伟医师要完成繁重的院内业务；另一方面他还要在有限的业余时间从事科普教育。

长期坚持难能可贵。母婴营养关系家庭的幸福和种族的延续。这就需要我们与刘长伟医师一起，在既往努力的成绩基础上，戒骄戒躁、克己复礼，与同道和民众一起，为中国（临床）营养事业做出更多的贡献。

做学问、做事业和做人一样，最终依靠的是：信仰、意志和一颗不可缺少的慈悲爱心。

陈永春

中国临床营养网创办人
河南省人民医院营养科主任

2015年10月

　　大家都知道，每日的膳食安排和长期的营养状况能够对人们身体健康产生重要的影响，尤其是对于正处在生长发育期的婴幼儿来说。然而，很多父母在如何喂养宝宝这个问题上都走过一些弯路。

　　一位年轻的妈妈曾向我讲述了自己的一段经历："我曾经以为母亲的营养和肚里宝宝的关系不大，很任性地爱吃什么吃什么，很少去了解我的饮食是否有营养，口味和偏好是最重要的，而我又是一个非常挑食的人。怀孕8个月后，我被查出有重度缺铁性贫血，宝宝出生后，也查出患有贫血，医生说与我孕后期贫血有很大的关系。"

　　而另一位妈妈告诉我："我家宝宝的头是方颅，医生说是缺钙引起的。其实我有给宝宝补钙，后来我才知道钙要和维生素D一起补。我很后悔当初没有认真去了解这方面的知识，这样就能早早地预防。"

　　我也经常听到，一些哺乳期妈妈抱怨吃母乳的宝宝不如邻居家吃奶粉的宝宝长得好，怀疑自己的母乳没有营养……父母在育儿路上，有无数的疑惑。

　　2010年，恰是微博等自媒体刚刚兴起，从营养学硕士专业毕业走上医生岗位的我以"儿童营养师刘长伟"的身份在新浪微博上注册一个账号，根据我的所学，及临床工作中遇到的案例，经常发些科普小文，逐渐引起了人们的关注。实名认证以后，粉丝数上升得更快逐步突破10万人。

　　在微博上，我每日都会收到很多准妈妈或新手妈妈咨询的孕期饮食、婴儿辅食添加、儿童饮食安排等问题。尽管因为网络，人们获得信息的渠道多了，但网上也流传着很多不靠谱的营养知识，不少内容缺乏科学性，甚至有些或多或少还带有一定的误导。

比如，目前国内外推荐优先给婴儿引入的辅食为强化铁的米粉、肉泥、鱼泥等，可很多中国父母还是选择蛋黄作为婴儿的首选辅食。根据世界卫生组织（WHO）的建议，足月出生的健康婴儿，母乳喂养满6个月开始添加辅食，可很多中国父母都太心急了，生怕宝宝营养不够，哪里会等到6个月。很多宝宝在3个月左右就开始品尝各种食物，包括果汁、米糊等，有的宝宝过早吃了辅食后出现腹泻的症状。

在临床工作中，我接触越来越多的父母和患儿，让我感觉到婴幼儿喂养科普的必要性。我利用休息时间写一些婴幼儿喂养的科普文章。我写的《1~3岁幼儿的饮食安排》《如何制作婴儿稀饭》《如何给孩子正确喝水》受到年轻父母们的欢迎，被多家报纸、杂志及网络转发，阅读量超过1000万次。

随着科普工作的深入，我写的内容不但得到网友们的认可，还得到专业人士的认可，我开始给中国临床营养网供稿，并成为签名作者。同时，我的科普工作也得到南京医科大学附属南京儿童医院领导及同事们的大力支持。他们主动帮助宣传我主编的《宝贝，早餐吃什么》，这让我非常感动，也更加有信心做好临床营养及营养相关的科普工作。

在从事营养科普及写作过程中，结识了本书编辑沈蔚颖女士，一开始我给她负责的期刊供稿。有一天，沈编辑突然问我："你写了那么多婴幼儿喂养的文章，有没有想过将它们系统地整理出一本书？"我仔细一想："如果是一本书，父母们就能更加系统全面地了解不同年龄段、不同情况的宝宝饮食和营养的相关知识。"于是我们一拍即合，便开始策划本书。

这本书最大的特点是内容实用贴近生活，涵盖了从年轻夫妻备孕开始直至宝宝出生后至儿童期的膳食指导及健康管理。重点解决父母们在婴幼儿喂养上的困惑，家庭膳食安排，纠正传统的家庭婴幼儿喂养误区。这些都得益于长期在网络上回答网友的提问，使得本书的内容也更接近父母们的需求。

　　虽然在本书的编写过程中费了很多工夫，但我觉得值得。最后，非常感谢南京儿童医院领导及同事的大力支持，也感谢相关专家和朋友们的帮助。作为年轻的营养专业人士，由于资历尚浅，专业上认识不够深入，难免会有不妥之处，还请大家多提宝贵意见。

刘长伟

南京儿童医院营养医师

2015年10月

目　录
Contents

1

第一章
准妈妈和胎宝宝的营养

老同学，我们想要宝宝了，在饮食上需要注意什么吗？

恭喜啊！除了保持良好的心情，养成健康的生活习惯，合理的膳食安排也非常重要！它会让你们身体的营养状况调整到最好，为受孕创造最佳的条件！

那我们吃些什么呢？

注意食物多样化，谷类为主，粗细搭配；
多吃蔬菜、水果和薯类……
另外，备孕期间你们还可以适当补充一点叶酸。

第一节 孕前的营养准备

一、备孕夫妻饮食安排

常言说得好"有备无患"，做什么事情，都需要提前做些准备工作。更何况是在生儿育女这件事上。年轻夫妻在受孕前 3 ~ 6 个月要接受饮食和健康生活方式的指导。尤其是那些孕前就有消瘦、肥胖、贫血、牙病等症状或疾病的夫妻，更要注意及时纠正或治疗。"肥沃的土壤才能育出好苗"，营养充足及身体健康的夫妻才能孕育聪明健康的宝宝。

（一）五谷杂粮

要想吃得健康均衡，就要注意在能量不超标的基础上，每日吃的食物种类要多。每日我们所摄取的食物种类要达到 20 种，甚至 30 种。这是因为，各种食物所含的营养素不尽相同，单靠哪种或哪几种食物很难获得人体所需要的营养素。每日食物多样化才能确保人体摄入更多有益的营养素和植物化学物质[1]。

谷类食物是中国传统膳食的主体，是人体能量的主要来源。谷类包括米、面、杂粮，主要提供碳水化合物、蛋白质、膳食纤维及 B 族维生素。建议日常膳食坚持以谷类为主，避免高能量、高脂肪和低碳水化合物的膳食。备孕期夫妇应保持每日适量的谷类食物摄入，每日摄入 250 ~ 400 克生重[2]的谷类，具体根据自己身高、体重、活动量等，主食中最好能有 1/3 以上的全谷类或杂粮[3]，而超重或

---

① 植物化学物质，如番茄红素、叶黄素、原花青素、大豆异黄酮、花色苷、姜黄素等，虽然它们不是人体必需的几大营养素，但与我们的健康息息相关，具有潜在的抗氧化、抗肿瘤、延缓衰老、提高免疫力等作用，同样可能会影响到备孕期的健康。
② 生重是指没有做熟前的可食部分。
③ 全谷类是指没有经过细加工的谷类食物包括：全麦面食品、糙米等；杂粮包括高粱、荞麦、燕麦、黑米等。

者肥胖者，尤其需要注意主食中粗杂粮所占的比例，最好占主食一半以上。

要注意粗细搭配，经常吃一些粗粮、杂粮和全谷类食物，如八宝粥、杂粮粥、水煮嫩玉米、黑米饭等。主食（如白米饭、白馒头、白面包）不能吃得过于精细，食物过于精细其中所含的 B 族维生素、锌、铁、钾等营养素较低。另外，其中所含的膳食纤维少，这些食物在体内消化速度快，给我们的血糖带来极大的负担，很多人可能会因此而导致血糖异常，处于糖尿病前期（糖耐量受损，继续发展可发生糖尿病）。有些育龄女性在没有怀孕之前就已经患上了糖尿病，有的则在怀孕期患上妊娠期糖尿病。

（二）蔬菜水果和薯类

夫妻双方每人每日可以安排 500 克以上的蔬菜，相当于 2 ~ 3 个中等大小西红柿的量，最好一半是绿叶蔬菜如菠菜、生菜等，绿色蔬菜中所富含的叶酸，正是备孕夫妻所需要补充的，可以预防胎儿神经管畸形。

每日摄入水果 200 ~ 400 克，每人每日最好安排至少 2 种水果，相当于每人每日 1 ~ 2 个猕猴桃，或再加 1 个苹果的量。

此外，注意增加薯类的摄入，如土豆、红薯等。土豆含有丰富的钾及膳食纤维，红心红薯含有丰富的胡萝卜素及膳食纤维，但薯类含有一定量的淀粉，需要作为主食的一部分，进食薯类的同时，可以减少主食的摄入，尤其对于超重或肥胖者。青椒土豆丝、烤红薯都是不错的薯类佳肴。

很多年轻人爱吃肉类却不爱吃蔬菜和水果，长期偏食对人体健康不利，对备孕也可能产生不利的影响。新鲜的蔬菜、水果是人们平衡膳食的重要组成部分，也是我国传统膳食重要特点之一。

蔬菜、水果能量低，是维生素、矿物质、膳食纤维和植物化学物质的重要来源。很多蔬菜和水果含有丰富的维生素 C，维生素 C 具有抗氧化、促进植物来源的铁的吸收等作用。孕妇和哺乳妈妈应增加维生素 C 的摄入量，备孕期同样需要注意。薯类含有丰富的淀粉、膳食纤维以及多种维生素和矿物质。富含蔬菜、水果和薯类的膳食对保持身体健康，保持肠道正常功能，提高免疫力，降低患肥胖、糖尿病、高血压等慢性疾病风险有重要作用。备孕夫妻双方的身体达到最佳状态，才能生出健康聪明的宝宝。

（三）奶类、大豆及其制品

建议每人每日平均饮奶 300 毫升左右。奶类营养成分齐全，组成比例适宜，容易消化吸收。奶类也是钙质的极好膳食来源。适当多饮奶有利于骨骼健康。日饮奶量多或有高血脂和超重肥胖倾向者应选择低脂、脱脂奶。并注意摄入其他含钙高的食物，如豆腐、芝麻酱等。没有喝奶习惯者，钙摄入可能会不足，需要考虑额外补钙。

大豆营养丰富每人每日应摄入 30 ～ 50 克大豆或相当量的豆制品。可供选择的豆制品很多，包括豆腐干、豆腐皮、内酯豆腐、豆浆、豆腐脑等，这类豆制品除了含有丰富的蛋白质，还含有丰富的钙，平均每日 100 克豆腐就能获得大约170 毫克的钙，相当于 150 毫升纯奶含的钙量。

（四）鱼、禽、蛋和瘦肉

很多人吃肉偏多，吃鱼虾类偏少。备孕夫妻应适当多吃鱼、禽肉，减少猪肉、羊肉、牛肉的摄入。每周可以安排 2 ～ 3 次鱼或虾，其中 1 次海鱼，1 ～ 2 种海鲜，每日可以进食 1 ～ 2 个鸡蛋。

之所以限制畜肉类摄入，主要是考虑畜肉类含有一定量的饱和脂肪和胆固醇，摄入过多易导致肥胖，增加患心血管病的危险性。长期摄入过多红肉，可增加结肠、直肠癌发病的风险。相较畜肉类，鱼肉、蛋类有益的脂肪含量比较多，如 DHA

（二十二碳六烯酸）。摄入丰富的DHA，既有利于备孕夫妻身体健康，又有利于胎儿大脑的发育。

（五）清淡少盐更健康

1. 烹饪时择油使用

脂类是人体能量的重要来源之一，并提供必需脂肪酸，有利于脂溶性维生素在体内的消化吸收。日常食用的烹调油，是维生素E的重要来源。菜籽油、玉米胚芽油里含有丰富的维生素E。不同油，使用的方式也不同。炒菜可以选择精炼的菜籽油、茶籽油、橄榄油，拌菜可以选择香油、初榨橄榄油、亚麻籽油等。而一般的精炼大豆油、玉米油不耐高温，不太适合用来炒菜，可用来炒菜。动物油含有较多的饱和脂肪，虽然耐高温，但不够健康，且维生素E含量很低，不适合作为日常烹调油。

油炸食物在油炸高温的环境中，维生素破坏较多，在高温下甚至会产生较多的致癌物质，尤其使用不耐高温的大豆油、玉米油等。因此，油炸食物不宜多吃，更不要随便在外面小摊上吃油炸食物。

2. 油不宜太多，远离反式脂肪酸

脂肪摄入过多会增加肥胖、高血脂疾病风险。因此，备孕夫妻每人每日烹调油摄入量25～30克。还要注意远离反式脂肪酸，减少黄油、奶油等含反式脂肪酸较多的食物。

3. 科学控盐

盐摄入量过高与高血压的患病率密切相关。每日限盐，最好控制在6克。当然，这个目标有点难，但起码要有少盐的意识，并不断向目标看齐。

总的来说，饮食不要太油，不要太咸，不要摄食过多的动物性食物和油炸、烟熏、腌制食物。

（六）哪些食物有利于"助孕"

1. 富含锌的食物

锌在维持人类生殖功能方面具有重要作用，它参与促黄体激素、促卵泡激素、促性腺激素等的代谢，对胎儿生长发育、促进性器官成熟和性功能发育均具有重要调节作用。更重要的是锌对维持性功能、男性精子发育具有重要作用。锌缺乏可导致性功能减退、精子数减少，胎儿畸形等。

富含锌的食物包括贝壳类（海蛎肉、扇贝、牡蛎等）、肉类、肝类、蛋类、豆类、谷类胚芽、燕麦、花生、黑芝麻、杏仁、松子等。因此，为了"助孕"，备孕夫妻每周可以吃 1 ~ 2 次海鲜，每日可以吃点坚果类零食，30 克。

2. 富含维生素 E 的食物

在动物中，维生素 E 缺乏可引起睾丸萎缩和上皮细胞变性、孕育异常。在人类尚未发现因为缺乏维生素 E 引起的不孕症之前，临床上已经常用维生素 E 治疗先兆流产和习惯性流产。

富含维生素 E 的食物包括植物油（如菜籽油、玉米胚芽油）、麦胚、豆类、坚果类（核桃、瓜子等）。日常饮食只要注意植物油和坚果类摄入，一般不会缺乏维生素 E，但是在烹调过程中，如果采用油炸等高温方式，就会破坏食物中的维生素 E。

《中国居民膳食营养素参考摄入量》（2013 版）建议，普通成人每日摄入 14 毫克维生素 E 就能满足机体需要，安全剂量最大每日可摄入 700 毫克。因此，备孕夫妻可适当多摄入维生素 E。如果额外补充，每人摄入的维生素 E 总量最好不要超过 700 毫克，以避免中毒的风险。

3. 维生素 B_{12} 丰富的食物

有研究认为，维生素 B_{12} 缺乏会影响精子的活力，补充维生素 B_{12} 后可以改善精子的活力，有些原本不育的男性竟然可以顺利当爸爸。

二、备孕女性的营养法宝

（一）叶酸

育龄女性从计划妊娠开始就要尽量补充叶酸，因为叶酸在体内参与氨基酸和核苷酸的代谢，是细胞增殖、组织生长和机体发育不可缺少的营养素。叶酸缺乏除了导致胎儿神经管畸形外，还会导致胎儿眼、口唇、腭、胃肠道、心血管、肾、骨骼等器官畸形的发生。我国胎儿神经管畸形的发生率平均为 2.74‰，每年有8 万～10 万神经管畸形儿出生。

妊娠头 4 个月是胎儿神经管分化和形成的重要时期，这一时期同时也容易发生叶酸缺乏。由于怀孕的确定时间是在妊娠发生的 5 周以后甚至更晚，受孕者并不会意识到已经怀孕。

有研究提示，女性在服用叶酸 4 周之后，体内叶酸缺乏的状态才能得到明显改善。因此，育龄女性至少应在怀孕前 3 个月开始补充叶酸，适当多摄入富含叶酸的食物（表 1-1），包括深绿色蔬菜、豆类，每周可安排一次肝类，每次 50 克。

由于叶酸补充剂比食物中的叶酸能更好地被机体吸收利用，有专家建议，至少在孕前 3 个月开始每日服用 400 微克叶酸，使机体的叶酸维持在受孕的适宜水平。

表1-1 常见食物叶酸含量

（微克/100克）

食物	含量	食物	含量	食物	含量
鸡肝	1172.2	菠菜	87.9	黄豆	181.1
猪肝	425.1	韭菜	61.2	豆腐	39.8
鸭蛋	125.4	油菜	46.2	腐竹	48.4
鸡蛋	70.7	西红柿	5.6		

参考杨月欣主编《中国食物成分表》（2009版）

（二）铁

铁是人体重要的必需微量元素，具有参与氧的运送和组织呼吸，维持正常的造血功能，以及维持机体正常免疫功能等。育龄女性由于生育和月经等因素导致的失血，体内铁储存往往不足，容易发生铁缺乏或缺铁性贫血。2002年中国居民营养与健康状况调查结果显示，我国育龄女性贫血发生率为26.2%。孕前女性缺铁易导致孕期母体体重增长不足、胎儿早产以及新生儿低出生体重等情况发生，故孕前女性应储备足够的铁为孕期利用。

根据《中国居民膳食营养素参考摄入量》（2013版），备孕期女性每日需要摄入20毫克的铁。含铁丰富的食物包括肉类、鱼类及肝类，这类血红素铁吸收率高。而绿叶蔬菜、黑木耳、黑芝麻等植物来源的非血红素铁，这类铁虽然吸收率不高，但是其中所含充足的维生素C有利于提高非血红色素的吸收。

缺铁或贫血的育龄女性可适量摄入铁强化食物或在医生指导下补充小剂量的铁。

（三）碘

碘缺乏会导致"大脖子病"。我们每日吃加碘盐是为了预防碘缺乏。孕期准妈妈和哺乳期妈妈属于碘缺乏的高危人群，胚胎期缺乏碘容易引起孩子出生后智力低下，医学上称为克汀病。

在孕期，胎儿需要准妈妈提供的甲状腺激素来完成正常的大脑发育，也需要从母体获得碘来完成甲状腺、大脑和神经的正常发育。在哺乳期，母乳喂养的婴儿也需要从母乳中获得碘。

1. 碘在人体内有哪些作用？

碘是人体一种必需微量元素,碘的生物学作用主要是通过甲状腺激素起作用,甲状腺激素能促进物质代谢和生长发育。在物质代谢和能量代谢方面，它不仅刺激蛋白质、核糖核酸、脱氧核糖核酸的合成，而且还参与了糖、脂肪、维生素、水和盐类代谢。

2. 碘缺乏有哪些危害？

甲状腺是代谢碘的器官，碘是合成甲状腺激素必需的微量元素。从怀孕到出生后的 2 周，这段时间是胎儿脑发育的关键期，在关键期内，大脑神经的生长必须依靠甲状腺激素。由于胎儿的甲状腺功能是胚胎 3 个月时才发育形成的，这个时期由母亲为胎儿提供甲状腺激素。甲状腺激素是影响机体各个器官生长发育的重要物质，它对人脑的发育都有较大影响。

由于碘是胎儿发育过程，尤其是脑发育过程的主要营养素，妊娠期缺碘不仅导致胎儿脑损伤，还可能导致准妈妈发生流产、死胎、死产等，严重威胁准妈妈和胎儿安全。因此为了预防胎儿的发育不良，孕前和孕早期的准妈妈要保证充足的碘摄入。

0 ～ 2 岁是人脑发育的关键期，如果这个时期受到碘缺乏的影响，有可能造成儿童碘缺乏症引起的身体和认知发育障碍以及甲状腺功能减退。世界卫生组织估计儿童碘缺乏症引起的儿童智力损失 5 ～ 20 个智商（IQ）分，国内估计儿童损失 10 ～ 15 个百分点。哺乳妈妈如果从日常膳食中不能获得足够的碘，也可能会导致宝宝碘缺乏，严重的还会影响宝宝智力发育。

3. 准妈妈和哺乳妈妈需要多少碘？

根据《中国居民膳食营养素参考摄入量》（2013 版），孕期每日推荐摄入 230 微克，哺乳期每日需要 240 微克，每日摄入 600 微克以内都是安全的。而普通成人推荐量仅为 120 微克。言外之意，准妈妈和哺乳妈妈对碘的需求量是普通人群的 2 倍，这样才能保证胎儿及婴儿从母体获得足够的碘。由于纯母乳喂养的婴儿完全依靠母乳作为碘获取的来源，每日需要 90 ～ 100 微克的碘来完善自己的甲状腺发育及分泌甲状腺激素。显然，准妈妈和哺乳妈妈是碘缺乏症的高风险人群。

在中国，加碘盐和海鲜是碘的主要来源。而在中国内陆地区，就只能依靠碘盐。市面上的碘盐是针对普通人群的，并非针对准妈妈和哺乳妈妈的，不足以提供孕期和哺乳期所需要的额外的碘。

4. 准妈妈和哺乳妈妈如何补碘?

准妈妈和哺乳妈妈可以适量摄入含碘食物，如海带、海鱼、紫菜、贝类等海产品。然而，也有人指出，孕期或哺乳期不应该食用藻类（海带、海草、海苔）或藻类产品作为碘补充，因为这些食物中碘的含量非常不稳定，并且还可能遭受过重金属汞的污染。

因此，世界卫生组织建议，孕产妇和哺乳期女性如果碘摄入低于每日 250 微克（即尿检结果碘在尿中的质量浓度低于 150 微克/升），应每日服用 150 微克的碘补充剂。每周至少摄入一次富含碘的海产食品。当然甲亢患者需要遵从医嘱。

很多妈妈会担心摄入的碘过量，导致甲亢怎么办? 根据推荐量，每日摄入 600 微克碘都是安全的，不存在碘摄入过量的问题。

三、备孕夫妻食谱举例

（一）备孕夫妻一日食物种类举例（表 1-2）

表1-2　备孕夫妻一日食物种类举例

食物	食物分配
主食	大米或面粉150～250克 杂粮或全谷类100～150克

（续表）

食物	食物分配
荤菜	畜禽肉类50~75克 鱼虾海鲜类50~100克 鸡蛋1~2个
牛奶	300毫升
豆制品	豆腐100~150克或豆腐干50~75克
蔬菜	绿叶蔬菜250克 其他蔬菜250克
水果类	200~400克
坚果类	30~50克
植物油	25~30克
饮水	男性1 700毫升 女性1 500毫升
活动量	6 000~10 000步（最好有一定中等强度的运动量）

（二）备孕夫妻一日食谱举例（表1-3）

表1-3 备孕夫妻一日食谱举例

餐次	食物分配
早餐	高钙低脂奶200~300毫升、鸡蛋1个、菜包、切片全麦或杂粮面包
加餐	水果（苹果、香蕉、猕猴桃、橘子等）
中餐	大米糙米饭或玉米馒头、香菇炒青菜、西红柿炒鸡蛋、清蒸鲈鱼
加餐	坚果类（松子、南瓜子或花生）30克、酸奶100毫升
晚餐	大米小米饭或黑糯米馒头、麻婆豆腐、蒜薹炒肉丝、盐水虾或海鲜类

（三）备孕夫妻一周食谱举例（表 1-4）

表1-4 备孕夫妻一周食谱举例

星期	早餐	加餐	中餐	加餐	晚餐
周一	牛奶 鸡蛋菜饼 苹果	猕猴桃或其他水果	大米糙米饭 盐水虾 肉末烧豆腐 生瓜木耳炒肉片 紫菜蛋汤	酸奶 南瓜子	大米小米饭 红烧带鱼 韭菜炒鸡蛋 醋熘白菜 菌菇汤
周二	八宝粥 鸡蛋 葱花卷 拌菜	牛奶 小西红柿	杂粮馒头 红烧鸡大腿 西兰花炒肉片 青/红椒炒土豆丝	苹果 松子	青椒蒜薹肉丝木耳炒面 西红柿蛋汤
周三	牛奶 鸡蛋 全麦面包 哈密瓜	苹果或其他水果	大米黑米饭 水煮鱼片 肉片烧西兰花 蒜泥拌菠菜	火龙果 酸奶	黄豆焖米饭 蒜泥扇贝 香菇炒小青菜 笋瓜炒肉片 木耳排骨汤
周四	薏仁粥 鸡蛋 胡萝卜牛肉包 香瓜	苹果 牛奶	杂粮馒头 虾仁炒玉米 蒜泥炒莜麦菜 韭黄炒肉丝	香蕉奶昔 花生	清汤火锅（羊肉、土豆、山药、菌菇、豆腐、菠菜、生菜、海带结、花菜等）
周五	核桃黑豆豆浆 鸡蛋 馒头、拌芹菜	千禧果 牛奶	大米小米饭 水煮肉片 西红柿炒鸡蛋 麻婆豆腐	酸奶 葵花子	韭菜猪肉水饺 虾仁荠菜水饺 海鲜水饺
周六	萝卜丝肉馅饼 黑米粥 桃子	牛奶	杂粮馒头 清蒸鲈鱼 平菇炒鸡蛋 炒小油菜	猕猴桃 核桃	肉丁豇豆丁炒饭 西湖牛肉羹
周日	青菜鸡蛋面条 香蕉	牛奶	炒面或豇豆肉丝焖面 平桥豆腐羹	酸奶 开心果	大米黑米饭 麻辣香锅（牛肉、土豆、白菜、木耳、豆腐皮、海带等）

第二节 孕妇不同时期的饮食安排

一、孕早期（1~3个月）

在孕早期，胎儿的大脑已经开始发育了。第1个月的后半期，胎儿的大脑和脊髓进入发育早期；第2个月，胎儿大脑每分钟有10万个神经元产生（成人大脑中总共约有千亿个神经元）。而第1个月也是神经管分化形成的重要时期，神经系统大约从第2个月开始发挥作用，甚至产生了微弱的脑电波。

一些准妈妈在孕早期会出现早孕反应，如食欲下降、嗜睡、呕吐等，此时的饮食安排应注意营养、少油腻、易消化，同时也要照顾个人口味的喜好。

（一）饮食安排要点

1.重视主食谷类（主要为碳水化合物）的摄入

葡萄糖能为大脑、肌肉等提供能量，而碳水化合物（如谷物中的淀粉）则是葡萄糖的主要来源。如果碳水化合物摄入不足，机体会分解脂肪来提供能量，脂肪分解会产生酮体①，酮体过多来不及代谢，就会导致酮症或酮症酸中毒。血液中的过高的酮体将通过胎盘进入胎儿体内，影响和损伤早期胎儿大脑和神经系统的发育。所以，尽管准妈妈孕早期胃口不好，也要保证每日摄入不少于150克的碳水化合物，包括主食、薯类和水果，主食吃不下的情况下可以考虑多摄入薯类及水果。如果通过饮食无法满足，可以考虑在医生指导下进行静脉滴注葡萄糖等。

2.每日补充叶酸400微克

从计划怀孕开始就应每日补充叶酸直至整个孕早期。多食富含叶酸的食物，

---

① 在肝脏中，脂肪酸氧化分解的中间产物乙酰乙酸、β-羟基丁酸及丙酮，三者统称为酮体。

如动物的肝脏、鸡蛋、豆类、绿叶蔬菜等，但值得注意的是动物肝脏富含维生素A，而维生素A摄入过多有胎儿致畸的危险[①]。因此，每周安排1次动物肝脏即可，如每次50克左右。

3. 多食用富含维生素 B₆、维生素 B₁₂ 的食物，缓解妊娠反应

建议多食用富含维生素 B₆、维生素 B₁₂ 的食物，如水果、坚果类、粗粮等。你可以做水果羹、杂粮粥、果蔬汁等。必要时，在医生指导下，口服补充复合B族维生素制剂。

早孕反应时的饮食安排

在孕早期，准妈妈体内黄体酮分泌增加，影响消化系统的功能，导致胃肠道平滑肌松弛、张力减弱、蠕动减慢，胃排空及食物肠道停留时间延长。因此准妈妈容易出现恶心、呕吐、食欲下降等早孕反应。

1. 早孕反应带来的胎儿营养问题

（1）虽然孕早期胎儿生长发育速度相对来说不是那么快，但如果准妈妈进食量少，胎儿胚层分化以及器官形成易受营养素缺乏的影响。早孕反应导致的进食量减少可能还会引起叶酸、锌、碘等微量营养素缺乏，增加胎儿畸形发生的风险。

（2）早孕反应导致的进食量减少还可能引起B族维生素缺乏，加重妊娠反应。

（3）孕吐严重者还可引起机体水及电解质丢失和紊乱。

（4）孕吐严重不能进食者，易导致体内脂肪分解，出现酮症酸中毒，影

---

① 维生素A和其他类视黄醇为强烈的致畸剂，如果孕妇1周内一次性摄入极大剂量或长期摄入25 000单位的维生素A就会引起自然性流产，或胎儿畸形。导致胎儿出现颅盖骨外形不正常、小头畸形、兔唇、先天性心脏病、肾病、甲状腺不正常以及神经系统疾病。因此，孕妇尽量从蔬菜和水果中获得β-胡萝卜素来转化成维生素A，较为安全，慎选含维生素A极高的一些肝脏类如羊肝等，每日摄入的维生素A不超过10 000单位（约3毫克视黄醇当量）。

响胎儿神经系统的发育。

因此，当妊娠反应剧烈而持续不能进食时，准妈妈应及时到医院就诊，以避免电解质紊乱、酮症酸中毒等导致的严重后果。

2. 饮食安排

（1）针对妊娠反应，饮食安排以清淡为宜，尽量选择准妈妈喜欢进食的，且容易消化、能增进食欲的食物。

（2）孕吐严重的准妈妈，进食可不受时间限制，少食多餐，只要能够进食就尽量进食。

（3）注意摄入蔬菜、水果、牛奶、薯类等富含维生素和矿物质的食物。面包、饼干、烤馒头片、鸡蛋等食物可以缓解恶心、呕吐的症状。

（4）只要能吃得下，哪怕食物相对不够健康，也是可以适量选择，等妊娠反应停止了再纠正饮食。

（5）对于一般的妊娠反应，可以在医生指导下，补充适量的 B 族维生素，也可能会减轻妊娠反应的症状。

（二）孕早期食谱举例（表 1-5、表 1-6）

表1-5 孕早期一日食物种类举例

食物	食物分配	说　　明
主食	大米或面粉125～200克 杂粮或全谷类75～100克	杂粮占1/3左右，包括薯类（土豆、红薯）
荤菜	畜禽肉类50～75克 鱼虾海鲜类50克 鸡蛋1个	可以互换，但是每周最好摄入3次以上鱼类，包括340克以内的海鱼；鱼类摄入不足可考虑补充DHA，如每日200毫克左右
牛奶	纯奶或低脂奶300毫升	
豆制品	豆腐100～150克或豆腐干50～75克	

（续表）

食物	食物分配	说　　明
蔬菜	绿叶蔬菜250克 其他蔬菜250克	
水果类	200克	
坚果类	15～30克	
植物油	25克	宜选择亚麻籽油、橄榄油、茶籽油、菜籽油或调和油
盐	6克	
饮水	1 700毫升	比孕前多喝200毫升
活动量	6 000步	特殊情况需咨询医生

表1-6　孕早期一日食谱举例

餐次	食物分配
早餐	高钙低脂奶200～300毫升、鸡蛋1个、八宝粥或杂粮粥
加餐	水果（苹果、香蕉、猕猴桃、橘子等）
中餐	米饭或馒头、土豆炖牛肉、西红柿炒鸡蛋、炒生菜、紫菜虾皮汤
加餐	坚果类（松子、南瓜子或花生）30克、酸奶100毫升
晚餐	米饭或馒头、煮玉米或烤红薯、盐水虾或海鲜类、麻婆豆腐、蒜薹炒肉丝、蒜泥青菜、菌菇汤

二、孕中期（4~6个月）

从孕中期开始，胎儿的发育进入快速增长期。与胎儿的生长发育相适应，母体的子宫、乳腺等生殖器官也在发生变化，并且母体还需要为产后哺乳储备能量以及营养素。胎儿大脑的基本构造成形。这一阶段，胎儿脑部依然保持着前期的速度发育，左右大脑半球迅速生长，神经元之间的联系更加复杂，在第6个月时，所有的神经元均已生成，大脑表面开始形成褶皱，已经接近成人的脑部构造。

（一）饮食安排要点

1. 合理安排主食，避免营养摄入不足或过量

进入孕中期以后，早孕反应已经消失，准妈妈的胃口变得好起来了，食欲可能比怀孕前要旺盛，但还是需要合理安排，每餐要保证有一定量的主食，每日主食生重为 200 ~ 300 克，最好有 1/3 ~ 1/2 的全谷类或杂粮，如煮玉米棒、杂粮粥、全麦面包、荞麦面、煮燕麦片等，做到粗细搭配，有利于控制总能量的摄入，达到营养均衡。对于超重、肥胖或体重增加过快者，更需要注意合理控制主食的摄入。具体可到营养门诊咨询。

体重正常的准妈妈每日安排一定的薯类作为主食的一部分，如炒土豆丝、蒸红薯等。

2. 适量增加鱼、禽、瘦肉、蛋类、海产品的摄入

鱼、禽、瘦肉、蛋类是优质蛋白的来源，鱼类除了提供优质蛋白质外，还可提供对胎儿脑和视网膜功能发育极为重要的 ω-3 多不饱和脂肪酸（DHA 和 EPA）。

人类脑组织含磷脂最多，从孕 20 周开始，胎儿脑细胞分裂加速，作为脑细胞结构和功能成分的磷脂需要量增加，而磷脂上的长链多不饱和脂肪酸如花生四烯酸（ARA）、二十二碳六烯酸（DHA）为脑细胞生长和发育所必需，对于促进脑细胞发育和神经髓鞘的形成作用很大。胎儿发育所需要的 ARA、DHA 在母体内可分别由必需脂肪酸亚油酸和 α-亚麻酸合成，也可由鱼类、蛋类等食物直接提供。胎盘对长链多不饱和脂肪酸有特别的运送能力。

大量的研究证实，孕中期的女性缺乏 ARA、DHA，其血浆中 ARA、DHA 水平会下降。此外，鱼类的脂肪含量相对较低，选择鱼类作为食物可避免因孕中期动物性食物摄入量增加而引起的脂肪和能量摄入过多的问题。

蛋类尤其是蛋黄，是卵磷脂、维生素 A 和维生素 B_2 的良好来源。另外，海产品可预防孕期碘摄入不足。每周吃 2～3 次海鱼，每次 100～150 克；每日 1～2 个蛋。孕中期，蛋白质摄入可以增加 50～100 克，大约相当于 2 个鸡蛋的重量。

3. 适量食用大豆、坚果类食物作为零食，如核桃、南瓜子等

坚果不但含有丰富多不饱和脂肪酸包括 ω-6 脂肪酸，还有一定量的 ω-3 脂肪酸，为胎儿提供大脑发育所需的脂肪酸，还含有锌等多种微量元素及维生素。每日可以进食 30～50 克坚果类及大豆类食物。

4. 适量摄入亚麻籽油或紫苏籽油

平时的食用油如葵花籽油、大豆油、橄榄油中均含有多不饱和脂肪酸。还可以选择另一类较为特殊的植物油如亚麻籽油或紫苏籽油。这类油含有丰富的 ω-3 脂肪酸，在体内可以转化成 DHA，但应控制总量的摄入，以免饮食能量过量而导致母婴肥胖等问题。

5. 适当增加奶类的摄入

奶或奶制品富含蛋白质，对孕期蛋白质的补充具有重要意义，也是钙的良好来源。由于很多人没有喝奶的习惯，单独从其他饮食中获得的钙往往不足。因此，从孕中期开始，每日至少摄入 300 毫升奶类，包括纯奶、鲜奶或酸奶。对乳糖不耐受的，可以选择低乳糖奶、酸奶或奶酪。如果孕期体重增长过快，可以选择低脂奶。如果不喜欢喝奶，最好每日补钙 300～500 毫克，具体可咨询医师或营养师。

（二）孕中期食谱举例（表 1-7、表 1-8）

表1-7　孕中期一日食物种类举例

食物	食物分配	说　明
主食	大米或面粉150～200克 杂粮或全谷类100～150克	杂粮占1/3左右，包括薯类（土豆、红薯）

（续表）

食物	食物分配	说 明
荤菜	畜禽肉类50～75克 鱼虾海鲜类75～100克 鸡蛋1～2个	可以互换，但是每周最好摄入3次以上鱼类，包括340克左右的海鱼；鱼类摄入不足可考虑补充DHA，如每日200毫克左右
牛奶	低脂或脱脂奶300～500毫升	进食500毫升，最好选择低脂或脱脂奶
豆制品	豆腐100～150克 或豆腐干50～75克	
蔬菜	绿叶蔬菜250克 其他蔬菜250克	
水果类	200～300克	
坚果类	30克	南瓜子、核桃、开心果或杏仁等
植物油	25克	宜选择亚麻籽油、橄榄油、茶籽油、菜籽油或调和油
盐	6克	
饮水	1 700毫升	比孕前多喝200毫升
活动量	6 000步	根据具体身体情况调整

表1-8 孕中期一日食谱举例

餐次	食 物 分 配
早餐	高钙低脂奶300毫升、鸡蛋菜杂粮饼、猕猴桃1个
加餐	水果（猕猴桃、橘子、桃子、葡萄等）200克
中餐	糙米饭或杂粮馒头、蒜香莜麦菜、土豆炖牛肉、紫菜虾皮汤
加餐	坚果类（松子、南瓜子或花生）30克、酸奶100毫升
晚餐	小米黑米饭或杂粮馒头或煎饼、芹菜炒干丝、蒜泥拌菠菜、盐水虾或海鲜类、豆腐羹

三、孕晚期（7~10个月）

从孕第 7 个月开始，胎儿大脑发育开始加速。专家把孕期最后 3 个月和婴儿出生后的第一年称作"大脑发育加速期"，这个阶段，大脑每日增重 1.7 克，也就是说每分钟增重约 1 毫克。大脑发育得更加精密复杂，在胎儿末期，脑电波显示胎宝宝甚至有睡眠期和觉醒期之分。

（一）饮食安排要点

1. 重视主食适量摄入，做到粗细搭配

如果体重增加太快或血糖有点异常，最好在营养师指导下计算出每餐精确的主食量及其他食物的摄入量。

2. 保证鱼、禽、蛋、瘦肉、海产品的摄入量

可适量增加鱼类及肉类摄入。到了孕晚期，很多准妈妈容易出现缺铁性贫血，为了预防或纠正贫血，每周可以安排一次肝类或血块制品，如做成葱爆猪肝、毛血旺等经典菜品。

3. 注意奶量摄入或补钙

每日可以安排 500 毫升的奶制品，补充 400 单位维生素 D，来促进钙的吸收。有研究提示，孕期维生素 D 摄入不足，会影响胎儿骨骼钙化，胎儿出生后易发生佝偻病。

（二）孕晚期食谱举例（表 1-9、表 1-10）

表1-9　孕晚期一日食物种类举例

食物	食物分配	说　明
主食	大米或面粉200～250克 杂粮或全谷类100～150克	杂粮占1/3左右，包括薯类（土豆、红薯）

（续表）

食物	食物分配	说　明
荤菜	畜禽肉类50～75克 鱼虾海鲜类100～150克 鸡蛋1～2个	可以互换，但是每周最好摄入3次以上鱼类，包括340克左右的海鱼；鱼类摄入不足可考虑补充DHA，如每日200毫克左右
牛奶	低脂或脱脂奶500毫升	最好选择低脂或脱脂奶，不喝牛奶就要考虑补钙
豆制品	豆腐100～150克 或豆腐干50～75克等	
蔬菜	绿叶蔬菜250克 其他蔬菜250克	
水果类	300克	
坚果类	30克	南瓜子、核桃、开心果或杏仁等
植物油	25克	宜选择亚麻籽油、橄榄油、茶籽油、菜籽油或调和油
盐	6克	
饮水	1 700毫升	比孕前多喝200毫升
活动量	6 000步	根据具体身体情况调整，特殊情况需咨询医生

表1-10　孕晚期一日食谱举例

餐次	食　物　分　配
早餐	高钙低脂奶300毫升、鸡蛋菜杂粮饼、苹果1/2个
加餐	水果（香蕉、猕猴桃、柚子、草莓、樱桃等）200克
中餐	糙米饭或杂粮馒头、蒜香莜麦菜、卤猪心、青椒土豆丝、紫菜虾皮汤
加餐	坚果类（松子、南瓜子或花生）30克、酸奶200毫升
晚餐	小米糙米饭或杂粮馒头、煮玉米、芹菜炒干丝、蒜泥拌菠菜、炒虾仁、菌菇汤

第三节 孕期各种营养素的补充

一、DHA

　　DHA 是一种脂肪酸的简称，全名为"二十二碳六烯酸"，它属于 ω-3 不饱和脂肪酸。还有一种 ω-3 脂肪酸是 EPA（二十碳五烯酸），与 DHA 经常共存。但我们一般只提及 DHA，因为它不仅分子结构最长、双键最多，而且具有重要的生理功能，与胎儿的大脑神经发育和视力形成有着密切关系。 婴儿大脑含60% 脂肪，其中 20% 的脂肪酸主要是 DHA 和 EPA。在孕中期和孕晚期，胎儿脑细胞的分裂增殖速度非常快，每分钟达 25 万个。研究表明，孕期和哺乳期的妈妈摄入充足的 DHA 对宝宝视力和免疫系统发育以及长期的认知能力都有良好的作用。反过来，若胎儿在大脑发育早期缺乏 DHA，对其大脑发育产生的危害是持久的，而且其伤害可能是不可逆的。

　　世界卫生组织和联合国粮农组织(FAO)联合脂肪专家委员会在 2008 年建议，准妈妈每日 DHA 和 EPA 的摄入量为 300 毫克，其中 DHA 至少为 200 毫克。

人体的DHA从哪里来?

　　途径1 食物。DHA 的食物来源有鱼类（尤其是海鱼）、海鲜、蛋黄、藻类等，而其他食物几乎不含 DHA。从现有的数据提示，我国准妈妈饮食中摄入的 DHA 的量与推荐量相比还有一定的距离，尤其是那些不能保证鱼类和海鲜食物摄入量的准妈妈。

　　途径2 人体合成。人体可以通过摄入另一种 α-亚麻酸合成 DHA，以解"燃眉之急"。一般油脂中只有大豆油或核桃油中含有少量的 α-亚麻酸。α-亚麻酸较好植物来源是亚麻籽、大麻子和南瓜子等，因此亚麻籽油和紫苏籽

油含有丰富的 α-亚麻酸，甚至可达 50% 以上。α-亚麻酸可以在体内合成 EPA 和 DHA，虽然仅有 1%～3% 被转化为 EPA 和 DHA，却已经是人体内合成 EPA 和 DHA 的主要原料。但是由于在机体合成 EPA 和 DHA 的过程中，需要使用同一系列的酶类参与转化，存在竞争抑制作用，使得 DHA 在机体里合成速度变慢。因此，能从食物中直接获得 DHA 和 EPA 是最有效的途径。

　　孕中、晚期准妈妈每周至少进食 2～3 次鱼类（每次 100～150 克），其中不少于 1 次的海鱼。尽量选择相对安全来源的海鱼如三文鱼、沙丁鱼，谨慎选择含汞风险高的旗鱼、马林鱼、金枪鱼等，也可进食适量的海藻类（如海带、紫菜、裙带菜等）。研究提示，准妈妈每周吃 340 克的海鱼就能获得较多的 DHA，带来的益处大于坏处。言外之意，准妈妈每周可以进食 340 克以内的海鱼[①]。

　　选择亚麻籽油或紫苏籽油作为烹调油或烹调油的一部分（5～10 克/日），或者选择亚麻籽、大麻子、南瓜子或者核桃芝麻粉作为饮食中油脂来源的一部分。

　　尽管 DHA 对胎儿大脑发育的作用非常重要，但还是建议准妈妈尽量从饮食中获得充足的 DHA，如果准妈妈孕期不爱吃鱼，又或者 DHA 的摄入量达不到推荐量，可在医生指导下选择补充剂，但如果饮食中的摄入量已经达到推荐量，就无需再另外补充。

二、铁

　　准妈妈属于缺铁或缺铁性贫血高危人群，尤其到孕 28～32 周，其血浆容积

---

① 美国儿科学会在《育儿百科》（第 5 版）写道："如果没有关于本地鱼类饮食健康的建议，本地捕捞的鱼类每周最多只能吃 170 克，并且该周内不能再吃任何种类的水产。"然而，我国淡水鱼是否面临着汞污染风险，尚缺乏权威部门发布的数据。为了谨慎起见，孕妇也要谨慎选择淡水鱼，并控制摄入量，毕竟过多的汞会带给胎儿的危害极大。

增加达到峰值，甚至增加 50%，1.3 ～ 1.5 升。红细胞和血红蛋白的量也在增加，至分娩时达到最大值，增加约 20%。早在 2002 年中国居民营养与健康状况调查结果显示，孕期缺铁性贫血发病率约为 30%。2012 年调查显示我国孕妇缺铁性贫血为 17.2%，虽然有所下降但仍然值得重视。由于孕期还需要为胎儿储备铁以满足出生后 0 ～ 6 月龄婴儿对铁的需要，就需要准妈妈在孕期改善铁的营养状况。

（1）经常摄入含铁丰富的动物性食物，包括禽肉、瘦肉、鱼肉。这些食物含的铁为血红素铁，吸收率高。动物血、肝脏类营养丰富，含铁等较多，但是考虑到动物血、肝脏安全性问题（可能含有有毒有害物质），还是少吃为好。如果要吃，购买时尽量选择正规销售渠道的食物，每周最多可进食 1 ～ 2 次，每次最好控制在 50 克左右。

（2）适量增加含铁丰富的植物性食物的摄入，如黑芝麻、黑木耳、绿叶菜，但植物性食物中的铁为非血红素铁，吸收率不高。所以同时要摄入含维生素 C 丰富的食物促进铁的吸收。

（3）对于素食或荤菜吃得较少的准妈妈，从饮食中获得的铁是不足的，可以在医生或营养师指导下服用含铁的营养补充剂。

（4）准妈妈血红蛋白低于 100 克/升时，应在医生指导下补充小剂量的铁（10 ～ 20 毫克/日）。

三、碘

碘对胎儿的大脑发育也非常关键。《中国居民膳食营养素参考摄入量》（2013 版）建议，孕中期、晚期碘的推荐摄入量均为 230 微克/日，比平时多了接近 1 倍。除了常规选用含碘盐，还要注意摄入海产品，包括紫菜、海带，每周可安排 2～3 次。甲亢患者需咨询医生。

四、钙

准妈妈缺钙是值得重视的问题，到了孕后期，很多准妈妈会出现各种缺钙症状，如腿抽筋等。哺乳期妈妈同样需要充足的钙，否则机体会"动员"骨骼里的钙进入血液中来维持血钙平衡。

根据推荐量，孕早期：800毫克/日；孕中、晚期及哺乳期均为：1 000毫克/日；但每日摄入不超过2 000毫克都是安全的（表1-11）。

表1-11　妊娠期钙推荐摄入量

（毫克/日）

人群	钙	
	推荐摄入量	可耐受最高摄入量
孕妇（早）	800	2 000
孕妇（中）	1 000	2 000
孕妇（晚）	1 000	2 000
哺乳妈妈	1 000	2 000

参考《中国居民膳食营养素参考摄入量》（2013版）

很多人认为补钙，吃点钙片多省事。其实，钙的最佳来源还是食物，从食物中获得充足的钙。含钙丰富的食物，包括奶类、豆腐、蔬菜如荠菜、油菜、生菜、菠菜、毛豆、甘蓝、小白菜、西兰花等。另外，芝麻酱中钙含量非常惊人，1 170毫克/100克，摄入10克芝麻酱就可以获得117毫克的钙。而豆浆、内酯豆腐等通常含钙比较低（表1-12）。

表1-12　常见食物钙含量

（毫克/100克）

食　物	钙	食　物	钙
纯奶	104	菠菜	66
酸奶	118	生菜	70

（续表）

食　物	钙	食　物	钙
某高钙奶	128	小白菜	90
豆浆	10	油菜	108
内酯豆腐	17	甘蓝	128
豆腐	164	毛豆	135
芝麻酱	1 170	荠菜	294

参考杨月欣主编《中国食物成分表》（2009版）

（1）孕早期每日需要摄入大约800毫克的钙。可以安排300～400毫升的牛奶（纯奶、低脂奶或脱脂奶）；100克豆腐；至少200～300克含钙丰富的蔬菜，如甘蓝、油菜、荠菜、小白菜、生菜、菠菜、荠菜等；另外10～15克的芝麻酱，加上其他食物和水中的钙，就能达到推荐摄入量以上。

也就是说每日要摄入牛奶200毫升，酸奶100毫升，豆腐100克，油菜200克，芝麻酱10克，加上其他食物的钙，就能获得接近800毫克钙满足机体需要。如果不吃豆腐或芝麻酱等，就要增加其他含钙丰富的食物的摄入。

（2）准妈妈在孕中、晚期及哺乳期，比平时需要多摄入200毫克的钙，只需要在孕早期饮食基础上，增加200毫升奶类就可以达到推荐量。

（3）需要注意的是，钙的吸收还需要维生素D的帮助，很多准妈妈由于户外活动少，导致体内维生素D缺乏，进而影响钙的吸收，出现缺钙症状。准妈妈和哺乳妈妈每日需要400单位的维生素D，如果不足会影响到胎儿发育，导致骨骼等发育不良。

（4）如果从饮食中摄入钙不足的，就需要注意补钙；如果户外活动少，必要时还需要同时补充维生素D制剂。当然，选择含钙和维生素D的复合维生素片或许是个不错的途径，但一般建议营养素尽量从食物中获取，不足的情况下才考虑补充剂。

骨头汤补钙吗?

很多人认为缺钙就要多喝骨头汤,其实,骨头汤里钙含量很低,虽然加了醋可以促进钙溶出,但是达到补钙的量时,汤酸得已经不能喝了。

五、维生素D

据调查,准妈妈普遍缺乏维生素 D。这是因为准妈妈户外活动少,晒太阳不足,人体合成维生素 D 较少,而通常从饮食中获得维生素 D 又非常有限。因为维生素 D 能够促进钙的吸收,根据《中国居民膳食营养素参考摄入量》(2013 版)建议,孕中期、晚期维生素 D 的推荐摄入量均为 10 微克/日(400 国际单位/日),最高可耐受 50 微克/日。因此,准妈妈除了注意户外活动,最好每日补充 400 国际单位的维生素 D,可持续到哺乳期。

第四节 妊娠期糖尿病和妊娠期高血压女性饮食安排

一、妊娠期糖尿病

妊娠期糖尿病,是指妊娠前糖代谢正常或有潜在糖耐量减退,在妊娠期出现糖尿病,又称为妊娠期糖尿病。妊娠前已有糖尿病的患者妊娠,称为糖尿病合并妊娠。糖尿病准妈妈中 80% 以上为妊娠期糖尿病,糖尿病合并妊娠者不足 20%。

27

妊娠期糖尿病患者糖代谢多数于产后能恢复正常，但将来患 2 型糖尿病机会增加。如果妊娠期患有糖尿病，血糖控制不好，对母婴均有较大危害，可导致胎儿出现巨大儿、早产、流产、难产、胎儿畸形等问题，必须引起重视。

（一）制订个体化的饮食方案，作为营养治疗[①]

（1）所有妊娠期糖尿病准妈妈在确诊时都应接受医学营养治疗。营养治疗能减少围生期严重并发症的发生。

（2）对于妊娠期高血糖患者而言，可以通过合理营养治疗控制血糖水平。血糖控制有利于降低先天性畸形的风险。

（3）监测血糖和记录每日饮食非常有必要，可为调整胰岛素剂量和饮食计划提供有价值的信息。

（4）根据准妈妈的食物选择和饮食习惯，以及血糖控制的情况确定能量和碳水化合物摄入量的分布。

（5）保证母亲和胎儿的最佳营养状况，摄入足够的能量，足以保证孕期准妈妈体重适度增加，达到并维持正常的血糖水平，避免发生酮血症[②]。

（6）由于胎儿持续从母体中吸取葡萄糖，因此，保证用餐时间和进食量的一致性对于避免准妈妈低血糖很重要。

（7）体重较重的妊娠期糖尿病准妈妈需要在医生指导下，制订科学的膳食，严格限制饮食，在不引起酮血症的同时，控制血糖，控制孕期母亲体重增长。不妨参考美国有关准妈妈每日能量摄入推荐（表 1-13）。

---

① 参考《中国糖尿病医学营养治疗指南》（2010版）的建议。
② 如果人吃得太少，摄入的能量过低，机体会分解体内的脂肪来提供能量，脂肪在分解代谢过程中会产生酮体。如果酮体在体内来不及代谢，蓄积在血液里，就会引起酮血症。

表1-13　妊娠期糖尿病准妈妈每日能量摄入推荐

人　群	理想体重能量系数（千焦/千克）	妊娠早期平均能量（千焦/日）	孕期体重增加推荐（千克）	妊娠中晚期推荐每周体重增长（千克）
低体重	138.1～158.8	8 368～9 623.2	12.5～18	0.51（0.44～0.58）
理想体重	125.5～146.4	7 531.2～8 786.4	11.5～16	0.42（0.35～0.50）
超重/肥胖	104.6～125.5	6 276～7 531.2	7～11.5	0.28（0.23～0.33）

妊娠中晚期在妊娠早期平均能量基础上平均增加约836.8千焦/日（1千卡=4.184千焦）

（8）妊娠期糖尿病准妈妈碳水化合物的量和分布需要考虑到饥饿感、血糖水平、体重增幅和酮体水平，但是每日至少应摄入175克碳水化合物，分布在小到中等份量的一日三餐主食以及2～4次零食中。

为了防止夜间发生酮血症，夜间需要加餐。早餐时的碳水化合物通常没有其他两餐的耐受性好。定期锻炼有助于降低空腹和餐后血糖，是改善母体血糖的一种辅助手段。

如果需要在医学营养治疗中加入胰岛素治疗，保持一日三餐和零食中碳水化合物的数量相对固定至关重要。

（9）虽然大多数妊娠期糖尿病准妈妈在产后都恢复为正常的葡萄糖耐量，但她们在以后的妊娠中发生妊娠期糖尿病的危险程度以及日后发生2型糖尿病的危险程度升高。建议在妊娠期结束后改变生活方式，目的是减轻体重和增加活动量，这样可以降低日后发生糖尿病的危险。

（10）对已有糖尿病或妊娠期糖尿病的女性，建议她们给婴儿实施母乳喂养，但需要遵循临床治疗方案安排哺乳时限。

大多数情况下，母乳喂养的母亲需要的胰岛素更少，因为哺乳过程也消耗了能量。在哺乳期女性中，曾经报道过与哺乳相关的血糖波动，通常需要在哺乳之前或期间吃一次含碳水化合物的零食。

（11）妊娠期糖尿病女性进行营养门诊随访非常重要。营养师会向准妈妈推荐满足怀孕期间各种营养素需求的健康饮食。少食多餐的饮食结构在降低低血糖症和酮血症风险的同时，还可能有助于改善妊娠反应，如恶心、胃灼热等。

（12）在产后初期，患有糖尿病的产妇还是应该定期检测血糖水平，同时哺乳期的胰岛素用量应根据其血糖自我检测结果进行相应调整。哺乳妈妈身边需常备一些及时防止低血糖发生的食物，能够避免由于母乳中血糖过低而导致的婴儿低血糖风险。在停止母乳喂养后，糖尿病女性患者仍应进行营养门诊随访，按照健康管理团队制订的目标进行体重、能量摄入、药物使用情况和血糖水平的监测和管理。

（二）适量选择血糖生成指数低的食物

血糖生成指数（glycemic index，GI）是指含 50 克碳水化合物的食物与相当量的葡萄糖或白面包在一定时间内（一般为 2 小时）体内血糖反应水平百分比值，反映食物与葡萄糖相比升高血糖的速度和能力，是衡量食物引起餐后血糖反应的一项有效指标，通常把葡萄糖的血糖生成指数为 100。当血糖生成指数在 75 以上为高 GI 食物；55 ~ 75 为中等 GI 食物；55 以下时，可认为该食物为低 GI 食物。

为便于控制血糖,血糖高的准妈妈适量选择低 GI(GI < 55)的食物,包括燕麦、荞麦、玉米、豆类、苹果、柑橘、牛奶、酸奶等，而蔬菜中绿菜花、菜花、芹菜、黄瓜、茄子、鲜青豆、莴笋、生菜、青椒、西红柿、菠菜的 GI 值均小于 15，为了更好地控制血糖，应适当增加蔬菜的进食量。

任何一种食物的 GI 值都不是固定不变的，受到很多因素的影响，包括：食物成熟度、食品的酸度、产品中面粉的类型、烹调时间、烹调过程等。

需要指出的是，低生成指数的食物也不是安枕无忧，吃得越多越好，吃多了同样会引起血糖升高，需要均衡搭配才能有利于健康和控制血糖。食物血糖生成指数只能作为参考。除此之外，血糖生成指数也有个体差异，有些食物血糖生成指数并不高，但是有的人却对这种食物非常敏感，吃了之后血糖升得很高，有的食物血糖生成指数相对较高，有的人进食后血糖并没有想象得那么高，因此食物血糖生成指数只是作为每日饮食的参考，最终还要结合个体具体情况及血糖负荷等进行合理的膳食安排（表1-14）。

表1-14　普通食物血糖生成指数表

食物	升糖指数	食物	升糖指数	食物	升糖指数
纯糖类		**甘薯、蔬菜类**		草莓	32
葡萄糖	100	煮红薯	77	干杏	32
白砂糖	82	南瓜	75	生香蕉	30
蜂蜜	73	胡萝卜	71	桃子	28
		土豆	56	柚子	25
谷类		山药	51	李子	24
米饭	82	青菜	<15	樱桃	22
馒头	88	黄瓜	<15		
普通面条	82	西红柿	<15	**其他**	
烙饼	80	**水果类**		冰激凌	61
荞麦面条	54	西瓜	72	牛奶	27
黑米	42	菠萝	66	**混合食物类**	
甜玉米	53	葡萄干	64	米饭、猪肉	73
荞麦	53	芒果	55	米饭、芹菜、猪肉	57
玉米饼	47	猕猴桃	52	米饭、蒜苗	57
全麦麦片	40	熟香蕉	52	馒头、酱牛肉	49

（续表）

食物	升糖指数	食物	升糖指数	食物	升糖指数
谷类		**水果类**		**混合食物类**	
玉米	39	橘子	43	包子（芹菜猪肉）	39
燕麦饼干	54	紫葡萄	43	馒头、芹菜炒蛋	39
		梨	36	米饭、鱼	37
		苹果	36	饺子（三鲜）	28

（三）不同食物的能量估算

把经常食用的食品，按其所含的主要营养素分成 7 类，分别成为谷类、薯类，蔬菜类，水果类，豆类，奶类，肉、禽、蛋类及油脂、硬果类。同一表中的食物所含的营养素种类大致相同。通过（表 1-15）中含 376.6 千焦（90 千卡）能量食品重量成为一个单位，就可以大致了解我们所食用的不同重量的食物的能量，从而实现不同食物之间的换算。例如，一个 200 克的水果相当于 25 克生重主食、500 克蔬菜、25 克黄豆、160 毫升奶、50 克肉类、蛋类、10 克油脂的能量。根据表 1-15，你可以选择不同类型的食物，以获得相等的能量。

表 1-15　一个交换单位的食物重量及营养素含量

食物	1单位重量（克）	能量（千焦）
谷物类	25	376.6
蔬菜类	500	376.6
水果类	200	376.6
豆类	25	376.6
奶类	160 毫升	376.6
肉、禽、蛋类	50	376.6
油脂、硬果类	10	376.6

（四）坚持锻炼

运动疗法是糖尿病治疗的常用方法，对于控制血糖、血脂，防止或延缓并发症的发生及提高身体素质具有重要作用。需要注意：

（1）不要在进食后立即进行运动，可在进食后 1 ~ 2 小时进行。

（2）如运动时间较长，宜在运动前适当进食。

（3）如果体重在理想体重的范围内，而不需要控制体重，那么运动消耗的能量应该从饮食中补偿，原则是消耗多少补多少，以维持理想体重。

提醒： 当运动量加大时，根据运动强度和运动持续时间，应给予相当的食物来补充热量。

（五）妊娠期糖尿病准妈妈饮食安排，表 1-16、表-17

表1-16　妊娠期糖尿病准妈妈一日食物种类举例

食物	食物分配	说　明
主食	大米或面粉100 ~ 200克 杂粮或全谷类150 ~ 200克	杂粮占1/2左右，包括薯类（土豆、红薯）
荤菜	畜禽肉类50 ~ 75克 鱼虾海鲜类50 ~ 100克 鸡蛋50克	可以互换，但是每周最好摄入3次以上鱼类，包括340克以内的海鱼
牛奶	低脂或脱脂奶300 ~ 500毫升	最好选择低脂或脱脂奶
豆制品	豆腐100 ~ 150克 或豆腐干50 ~ 75克等	
蔬菜	绿叶蔬菜250克 其他蔬菜250克	
水果类	200 ~ 300克	
坚果类	30克	南瓜子、核桃、开心果或杏仁等

（续表）

食物	食物分配	说　明
植物油	25克	宜选择亚麻籽油、橄榄油、茶籽油、菜籽油或调和油
盐	6克	
饮水	1 700毫升	比孕前多喝200毫升
活动量		根据具体身体情况调整

表1-17　妊娠期糖尿病准妈妈一日食谱举例

餐次	食　物　分　配
早餐	高钙低脂奶300毫升、鸡蛋菜杂粮饼、苹果50克
加餐	水果（苹果、香蕉、猕猴桃、橘子等）75克
中餐	糙米饭或杂粮馒头、卤猪心、蒜香莜麦菜、拌海带丝、水果75克、植物油10克、坚果15克
加餐	坚果类（松子、南瓜子或花生）15克、低脂无糖酸奶100毫升
晚餐	黑米饭或芹菜炒干丝、蒜泥拌菠菜、盐水虾或海鲜类、植物油10克、水果75克、坚果15克

提醒：最好在专业营养师指导下制订个体化的饮食方案。

二、妊娠期高血压

妊娠期高血压疾病是妊娠期特有的疾病，包括妊娠期高血压、子痫前期、子痫、慢性高血压并发子痫前期以及慢性高血压。妊娠期出现高血压，收缩压≥140mmHg，和（或）舒张压≥90mmHg，并于产后12周内恢复正常。发病原因至今不明，因该病在胎盘娩出后常很快缓解或可自愈，有人称为"胎盘病"，但多数专家认为是母体、胎盘、胎儿等众多因素作用的结果。我国发病率约为9.4%，国外报道 7%～12%。预防妊娠期高血压就要提倡健康生活方式，消除不利于准妈妈心理和身体健康的行为和习惯，达到降低高血压的发病风险。

（一）妊娠期高血压准妈妈饮食原则

（1）控制总能量摄入，保持理想体重。合理控制体重的增长有利预防妊娠高血压。控制体重，一方面要减少总热量的摄入，注意低脂饮食并限制过多碳水化合物的摄入，另一方面则需增加适度运动，如散步、慢走等。

（2）减少钠盐。世界卫生组织建议每人每日食盐量不超过 5 克，而我国推荐含盐量为 6 克。这是因为，我国饮食偏重口味，每日 6 克已经很难达到。《中国居民营养与慢性病状况报告》（2015 版）指出，2012 年我国居民年均每天烹调用盐 10.5 克。北方居民平均减少日常用盐一半，南方居民减少 1/3，才能基本接近我国的推荐量。我国膳食中约 80% 的钠来自烹调或含盐高的腌制品，因此限盐首先要减少烹调用盐及含盐高的调料，少食各种咸菜及盐腌食品，有利于控制钠盐的摄入，而一些薯片等零食中钠盐的含量也很高。

对于有高血压家族的准妈妈，为了更好地预防高血压，最好选择低钠盐作为日常的食盐，但需要注意的是，低钠盐含有 70% 的钠盐，30% 钾盐，咸度没有普通食盐高，选择低钠盐还要控制盐的总量。

（3）减少脂肪摄入。有流行病学资料显示，在不减少膳食中的钠和不降低体重情况下，如果将膳食脂肪控制在总热量 25% 以下，也有利于控制血压。中国一组北京与广州流行病学的资料对比，广州男女工人血压均值、患病率、发病率明显低于北京，除北京摄取高钠高脂肪外，可能与广州膳食蛋白质特别是鱼类蛋白质较高有关。

补充适量优质蛋白质，要改善动物性食物结构，减少含脂肪高的猪肉、羊肉、牛腩，增加含蛋白质较高而脂肪较少的禽类及鱼类。孕期适量增加鱼类摄入，能获得较多的 DHA，有利于胎儿大脑发育，最好每日有一餐的荤菜有鱼虾类。豆类中，大豆营养丰富，含有蛋白质也属于优质蛋白质，每日平均进食 100 克豆腐，既可以获得一定量的优质蛋白质，还能获得接近 170 毫克的钙。

（4）注意补充钾和钙。研究资料表明钾与血压呈明显负相关。而中国膳食低钾、低钙，应增加含钾多含钙高的食物，如绿叶菜、鲜奶、豆类制品等。绿叶蔬菜营养价值较高，含有丰富的钙、钾、叶酸及膳食纤维等，每日最好进食 200 ～ 250 克。奶类是钙的良好来源，还含有优质蛋白质、维生素 A 等，每日最好进食 300 毫升左右的鲜奶，而乳糖不耐受的准妈妈可以选择低乳糖奶或酸奶。对于那些肥胖或体重增加较快的准妈妈，可以选择低脂奶或脱脂奶，每日 400 毫升左右。豆腐也是高钙食品。

（5）多吃蔬菜和水果。研究证明增加蔬菜或水果摄入，减少脂肪摄入可使收缩压和舒张压都有所下降。素食者比肉食者血压低，其降压的作用可能基于水果、蔬菜、食物纤维和低脂肪的综合作用。因此，每日要摄入 500 克左右的蔬菜，300 克左右的水果。

（二）选择健康的生活方式

（1）禁止饮酒。准妈妈饮酒不但容易引起胎儿患酒精中毒综合征的危险，还会影响准妈妈的血压，严重的还会导致妊娠期高血压。

（2）每日适量运动。准妈妈也要注意有适度的活动量。运动前最好了解一下自己的身体状况，以决定自己的运动方式、强度、频率和持续运动时间。每周在医生建议下可以安排 3 ～ 5 次运动，每次持续 20 ～ 60 分钟，这些可根据运动者身体状况和所选择的运动种类以及气候条件等而定。

（3）减轻精神压力，保持平衡心理。长期精神压力和心情抑郁是引起高血压和其他一些慢性病的重要原因之一，对于高血压患者，这种不良的精神状态常使他们采用不健康的生活方式，如酗酒、吸烟等，并降低治疗高血压的依从性。对有精神压力和心理不平衡的准妈妈，应减轻精神压力和改变心态，保持良好的心情。

第五节 预防巨大儿、足月小样儿

一、科学饮食预防巨大儿

新生儿出生后体重等于或大于 4 000 克者，就可以称为"巨大儿"。目前欧美国家定义为胎儿体重达到或超过 4 500 克。

在 20 世纪 80 年代巨大儿仅为 3% 左右，随着经济的快速发展，人们物质生活水平越来越高，新生儿的出生平均体重开始增加，巨大儿的发生率也不断上升，目前我国发生率已达到 7% ~ 8%，东部沿海地区已经达到 10%，个别医院竟达到 12.5%。国外发达国家的发生率可达 15.1%。巨大儿的出生体重也在不断刷新纪录，一名 7 000 克重的特大男婴在某妇幼保健院降生，不仅创下历年来该医院婴儿出生体重之最，而且很可能是该省第一巨婴。

巨大儿对母婴均可能带来不良影响。患妊娠期糖尿病、肥胖或过期妊娠都可能增加巨大儿的出生率。

（1）准妈妈要科学安排孕期每日饮食总能量。合理搭配主食、荤菜、蔬菜、水果、奶类、脂肪及零食，做到营养均衡，又避免摄入过多的能量（详情可参考本章第二节）。

（2）主食要粗细搭配。最好每顿饭有不少于 1/3 ~ 1/2 杂粮或全谷类。控制主食总量，每日大概 250 ~ 350 克，合理分配到一日三餐及加餐中，每顿 80 ～ 120 克生重主食。适当进食薯类食物，但应作为主食的一部分。

（3）保证蛋白质的摄入量。尽量选择高蛋白、低脂肪的瘦肉类食物，如鱼虾、瘦猪肉、牛肉等及豆类制品、低脂奶类。平均每日大约鱼虾类 50 ～ 100 克、瘦肉类 75 克、豆腐 100 克或豆腐干 50 克、低脂奶 300 ～ 400 毫升。每周可安排 4 次鱼虾类，其中包括 1 次海鱼，每顿 100 ～ 150 克的鱼虾（生重可食部分）。

（4）减少动物脂肪的摄入量。限制红肉的摄入，不过多的选择猪肉、牛肉、羊肉，少吃五花肉、蹄膀、肋排、黄油等，汤以素汤为主，少食骨头汤、老母鸡汤、蹄膀汤等荤汤。

（5）注意蔬菜的摄入。每日食用 500 克左右，尤其注意摄入绿叶蔬菜，最好占到蔬菜的一半。控制炒菜的用油量，否则进食蔬菜的同时也会进食较多的油脂。

（6）每日安排 200 ～ 300 克水果。水果营养丰富，适量进食有利于母婴健康。

（7）烹调用油以植物油为主。每人每日 20 ～ 25 克，盐每人每日 5 ～ 6 克；烹调食物避免油炸、煎、熏等方法。

（8）坚果类营养丰富，但油脂较高，不宜多吃。在低脂饮食基础上，可以少量进食坚果，每日 2 个核桃或一把南瓜子。

（9）少食精制糖。如精白砂糖、绵白糖、红糖、冰糖、蜂蜜等；少吃甜食类如冷饮、巧克力、甜饼干、甜面包、果酱、糕点、月饼等；少喝熬煮时间过长或过细的淀粉类食物如大米粥。

（10）餐后半小时，最好有适度运动，30 ～ 60 分钟。很多准妈妈吃饱后，喜欢坐着或躺着一直持续几个小时不动，这种做法显然不妥。餐后有一定的运动量，有利于消耗能量。

（11）密切关注胎儿的生长发育进程。当发现胎儿增长过快时，应该及早去医院就诊和营养咨询，合理调整饮食，避免隐性糖尿病的发生。一旦确诊患有糖尿病或糖耐量受损，则要控制好血糖避免胎儿体重增长过快。

二、科学饮食预防足月小样儿

胎儿宫内发育迟缓是指胎儿出生体重低于同胎龄平均体重的第10个百分位或两个标准差。如果胎龄已达37周，新生儿体重低于2 500克，称为胎儿宫内发育不良。

导致胎儿宫内发育迟缓的原因很多，如孕期营养不良，合并有妊娠高血压症、羊水过多、肾病、心肺疾病、糖尿病或感染等，准妈妈有吸烟、酗酒、滥用药物等不良嗜好；另外，胎盘梗死、炎症、功能不全，脐带过长、过细、打结、扭曲等，以及胎儿染色体数目和结构异常等也会造成胎儿宫内发育迟缓。

单纯从营养角度来看，准妈妈营养素摄入不足或营养搭配不合理直接导致胎儿营养供给不足，发生胎儿宫内发育迟缓的概率也很高。

（1）准妈妈应多吃富含蛋白质和维生素的食物，平衡饮食，纠正偏食（详情可参考本章第二节）。

（2）妊娠孕吐严重者应予积极治疗，保证孕期蛋白质、维生素和热量的供给。

（3）增加饮食中海洋鱼类的摄入或补充鱼油。鱼油可保持血栓素－前列环素平衡，前列环素相对增加能舒张血管、降低血黏度、子宫胎盘的血流灌注增加，促进胎儿生长发育。

（4）咖啡因会影响胚胎着床和生长发育，孕前和孕期应减少或避免饮用含咖啡因的饮料，如咖啡、可乐、浓茶等。

第二章

0～12月龄婴儿的喂养

A "奶粉的营养比母乳好，是这样吗？"

母乳是婴儿理想的天然食品，母乳中的营养丰富，对宝宝健康非常有益。母乳还能降低婴儿患感染性疾病的风险，可以预防儿童过敏性疾病的发生。

B 14 month "宝宝已经14个月还要不要继续母乳喂养？"

世界卫生组织建议在婴儿最初6个月内给予纯母乳喂养。6个月至2岁或更长时间内，在继续母乳喂养的同时，要补充其他的食物。

C "是不是6个月后，母乳营养就不好了呢？"

6 month

母乳的营养成分只是在早期（出生后15日内）的含量变化较大，而6个月时的母乳正处于成熟乳的中期阶段，其中的营养成分是相对稳定的。

第一节 0～6月龄宝宝的营养哪里来

一、母乳喂养是最佳选择

我常在微博里鼓励新手妈妈母乳喂养宝宝。有一天，一位妈妈非常感动地说："刘医生，我家宝宝 14 月龄了，生长发育不错，辅食也添加得很好，不少人建议我断奶，您是少数支持我继续母乳喂养的医生之一，太感谢了。"

（一）母乳中的营养宝藏

《中国居民膳食指南》对母乳的评价："母乳是 6 个月以内宝宝最理想的天然食品。在长期进化过程中，人类的乳汁含有人类生命发展早期所需要的全部营养成分，这是人类生命延续所必需，也是其他任何哺乳类动物的乳汁无法比拟的。母乳喂养也能增进母子感情，使母亲能悉心护理宝宝，并可促进母体的复原。同时，母乳喂养经济、安全又方便，不容易发生过敏。"

1. 母乳中的蛋白质最适合宝宝的生长发育

母乳所含蛋白质约为 1.0 克 /100 毫升，虽然仅为牛奶的 1/3，也低于普通配方奶粉，但母乳中的蛋白质以乳清蛋白为主，容易消化吸收，且氨基酸组成平衡，利用率高。母乳中的牛磺酸含量较多，是宝宝视网膜发育所必需。

2. 母乳中含的脂肪丰富，且含有丰富的脂肪酶，可帮助消化脂肪

母乳中还含有脑及视网膜发育所必需的长链多不饱和脂肪酸，如花生四烯酸（ARA），二十二碳六烯酸（DHA）。

3. 母乳中的乳糖含量较高

乳糖不仅提供宝宝能量，而且它在肠道中被乳酸菌利用后能产生乳酸，促进肠道内钙的吸收并抑制有害菌的生长。

4. 母乳中的矿物质含量更适合宝宝的需要

母乳中的钙含量比牛乳及配方奶粉低，但钙磷比例适当，为 2∶1，有利于钙的吸收。母乳中的锌、铜含量也高于牛乳，有利于宝宝的生长发育。

5. 母乳含有多种免疫活性物质

包括丰富的免疫活性蛋白，如乳铁蛋白、溶菌酶、分泌型免疫球蛋白 A（SIgA）等，有利于抵抗肠道及呼吸道等疾病的作用，而这是配方奶粉无法比拟的。

什么是纯母乳喂养？

是不是只要给宝宝喂了母乳，就实现了母乳喂养了呢？真正的母乳喂养一般是指宝宝出生后 6 个月内完全以母乳满足宝宝的全部液体、能量和营养素需要的喂养方式。在母乳喂养中，可能例外的是使用少量的营养素补充剂，如维生素 D 和维生素 K。除母乳之外，仅给予水或其他非营养液体（不含能量和营养素）的喂养方式为基本纯母乳喂养。如果未满 6 月龄的宝宝除母乳之外，还吃过配方奶粉、果汁、米汤、米粉等，不能称为真正意义上的纯母乳喂养或基本纯母乳喂养。

那么，在宝宝 6 月龄后添加辅食，是否意味着母乳没营养了呢？其实不是母乳没有营养了，而是满 6 月龄以后的宝宝单独吃母乳已经不能满足其生长发育的营养所需，需要及时添加辅食。说白了，就是你的宝宝长大了，需要同时吃其他的东西才能满足他的生长。世界卫生组织的喂养建议非常明确，有条件可以继续母乳喂养至宝宝 2 岁以上。

（二）母乳也有不完美的地方

通常情况下，母乳能够满足 6 月龄以内宝宝生长发育所需的营养，母乳喂养让妈妈与宝宝建立了良好的亲子活动，但母乳也并非完美无瑕，它也存在不足。

尤其是家庭饮食不够科学，哺乳妈妈有挑食偏食习惯，母乳中的营养容易受影响，但是瑕不掩瑜。如果哺乳妈妈能全面了解母乳，注意科学喂养才能做到未雨绸缪，弥补母乳的不足。

（1）母乳中维生素的含量容易受哺乳妈妈营养状况的影响。尤其是水溶性维生素和脂溶性维生素 A。

（2）母乳中维生素 K 含量不高。宝宝出生后，需要补充适量的维生素 K。所以孕期准妈妈摄入富含维生素 K 的食物如深绿色蔬菜，菠菜等，具有一定的意义（临床上曾见到，因为缺乏维生素 K 导致宝宝颅内出血的案例，其发生的原因绝大多数是哺乳妈妈饮食结构不合理或没有给新生儿补足维生素 K 造成的）。

（3）母乳中维生素 D 含量极低。哺乳妈妈如果日光照射不足又没有补充维生素 D 制剂，则母乳中维生素 D 更低。因此，一般母乳喂养的宝宝，建议补充含维生素 D 制剂鱼肝油或纯维生素 D，同时注意适度的户外活动。

（4）母乳中含铁不高。对于足月健康的宝宝来说，体内储存的铁元素加母乳中的那部分铁元素，暂时能满足 4 ~ 6 月龄以内宝宝对铁的需要，但 6 月龄以后，宝宝需要及时添加富含铁的辅食。美国儿科学会建议纯母乳喂养的婴儿可在 4 个月以后小剂量补铁 2 ~ 4 毫克/千克·体重。

哪些因素影响了中国妈妈母乳喂养？

事实上，绝大多数宝宝都可以吃到妈妈的母乳，然而在当前社会，我国母乳喂养率却不高，而且有下降的趋势。据调查，16 年间，中国的母乳喂养率降低了近 40 个百分点。2014 年 3 月，国家卫生与计划生育委员会公布的数据显示，我国 0 ~ 6 月龄宝宝纯母乳喂养率为 27.8%，其中农村 30.3%，城市仅为 15.8%，远低于国际平均水平 38%，而在 1998 年，世界银行调查时，中国这个数字还高居67%。这是我们的"进步"还是倒退？显然，值得我们深思。虽然世界及我国的相关组织在不断呼吁和提倡母乳喂养，但还远远不够。导致这种状况出现的原因多种多样，包括新手妈妈经验不足，缺乏社会大环境的支持，家人、商家及医务人员的误导，产假、哺乳假的限制，公共场所哺乳室设立不足等。

建议从怀孕开始，新手妈妈就要学习正确的母乳喂养知识，只要有可能就尽量努力实现母乳喂养，起码母乳喂养宝宝至6月龄。在这6个月内，除了母乳及必要补充剂，无须再提供任何其他含有能量的食物。宝宝6月龄以后如果有条件，仍然可以母乳喂养，同时引入其他食物。

（三）母乳喂养对宝宝健康好处多多

1. 母乳喂养可降低宝宝患感染性疾病的风险

特别是呼吸道及消化道的感染。宝宝出生后的前6个月给予全母乳喂养可明显降低婴儿发病率及死亡率。宝宝发生腹泻，母乳喂养也可缩短腹泻的病程。因此，一般情况下母乳喂养的宝宝发生腹泻，可继续母乳喂养。此外，母乳喂养还有利于抵抗肺炎、中耳炎、菌血症、脑膜炎及尿道感染等感染性疾病。

2. 母乳喂养也可降低非传染性疾病及慢性病的风险

包括溃疡性结肠炎、儿童期肥胖和肿瘤等疾病。

3. 有利于预防儿童过敏性疾病的发生

国外有研究提示，母乳喂养的宝宝发生过敏的概率约为0.5%，而奶粉喂养的宝宝发生过敏的概率为2%～5%。

关于喝汤才能下奶的误解

喝汤是促进产后泌乳的传统方法之一。有位新手妈妈曾说自己每日被家人逼着喝一碗鲫鱼汤。真的只有喝汤才能下奶吗?

汤并没有神奇的催奶效果,哺乳期妈妈在保证饮食均衡的情况下,喝白开水也是可以的。根据《中国居民膳食营养素参考摄入量》(2013版),哺乳妈妈每日要多摄入600毫升的水,而成年女性每日要喝1 500毫升的水,这样算下来,哺乳妈妈每日摄入水量要达到2 100毫升以上,可以选择白开水、矿泉水、清汤类、低脂奶、豆浆等。当然,实现母乳充足,妈妈还要学会正确的哺乳方式,同时保持良好的心情。

哺乳妈妈需要合理饮食,通常被认为有催奶效果的是鸡汤、骨头汤、猪蹄汤、羊汤等。这些汤之所以那么白,是脂肪微小颗粒与蛋白质发生了乳化作用。因此,乳白色汤中会含有大量脂肪,而其他营养素少得可怜。摄入太多脂肪容易引发哺乳妈妈乳腺导管堵塞,甚至导致乳腺炎。

这并不意味着不能喝汤,只是要注意不要进食过多油腻的荤汤,尤其是骨头浓汤、排骨汤等。可以选择油脂少的鱼汤、鸡蛋紫菜汤等,并且在喝汤之前去掉汤表层的油脂。

二、特殊情况下采用人工喂养

虽然绝大多数妈妈可以实现母乳喂养,但由于种种原因,不能用纯母乳喂养宝宝的情况也是存在的,如乳汁分泌不足或无乳汁分泌,哺乳妈妈患有母乳喂养禁忌症,在这些情况下建议选择适合0～6月龄宝宝的配方奶粉进行喂养。如果是母乳喂养同时加入奶粉喂养则称为混合喂养,完全奶粉喂养则称为人工喂养。

虽然现在有各种各样的母乳代用品,但妈妈们一定要明白,不能随便一个理由就放弃纯母乳喂养。如果确实需要增加配方奶粉最好先咨询一下医生经过综合评估①，再选择适合的母乳替代产品。而一些家庭为图省事，轻易放弃母乳喂养，直接选择了配方奶粉，这样的做法显然不恰当。

妈妈感冒了，可以继续母乳喂养吗？

哺乳期妈妈最怕的就是生病，害怕药物通过乳汁影响宝宝，而症状明显不吃药身体又很难受。哺乳期妈妈感冒了还能继续给宝宝喂奶吗？这或许是很多哺乳妈妈困惑的问题。

感冒是常见的呼吸道感染疾病，通常情况下具有自限性，1周左右自愈，症状严重的情况就医后，口服药物缓解症状。妈妈感冒了可以在医生指导下继续给宝宝喂奶。

可能你会担心感冒病毒会通过乳汁传染给宝宝。无论是病毒或细菌感染，当母亲出现症状时，宝宝早已经暴露在被传染的环境中了。乳汁中已经产生的抗体反而有利于宝宝抵抗细菌和病毒的侵袭。一般而言，感冒病毒不会通过哺乳传播，而是通过空气飞沫传播。此外，母乳是宝宝最理想的食物，贸然中断哺乳对宝宝生长发育不利，并对其心理发育也会有影响。所以妈妈在感冒期间可以继续母乳喂养。即使妈妈吃了感冒药，一般也不会影响母乳喂养。

（一）婴儿配方食品的种类

（1）适用0~6月龄的婴儿配方奶粉。

（2）适用6月龄以后的婴儿配方奶粉。

（3）特殊医学用途配方奶粉。为早产/低出生体重儿设计的配方奶粉；为乳糖不耐受儿设计的无乳糖配方奶粉；为预防和治疗牛乳蛋白过敏儿设计的水解蛋

---

① 现在全国一些妇幼保健院都设立了母乳喂养咨询门诊。

白配方奶粉；为先天性代谢缺陷儿（如苯丙酮酸尿症）设计的配方奶粉。

通常足月健康的宝宝，除了母乳之外，只需要选择普通配方奶粉，特殊宝宝则需要在医生指导下选择适合的配方奶粉。

（二）混合喂养容易出现的问题

微博答疑中常被问，"混合喂养是不是最佳的喂养方式？宝宝既得到了母乳中的营养，又得到奶粉中的营养。"

其实，在无特殊情况下，对于足月健康宝宝还是建议在满6月龄前实现纯母乳喂养或基本纯母乳喂养，满6月龄前接触了奶粉就不能算纯母乳喂养或基本纯母乳喂养了。过早地用配方奶粉喂养有可能会导致宝宝出现牛奶蛋白过敏等问题。

有的宝宝可能吃母乳就已经足够了，但妈妈总觉得自己母乳不够，还不停地给宝宝喂奶粉，导致过度喂养，宝宝出现超重或肥胖。父母不但没有认识到自己的喂养有问题，反而为自己喂养的宝宝"长得好"很有成就感。婴儿肥胖症为今后的健康埋下很多隐患，我曾见到一个3岁多的孩子因为肥胖出现糖尿病，这是多么可怕的事情！

混合喂养还会干扰母乳喂养，最后导致母乳喂养失败。在混合喂养之前必须正确判断添加奶粉的必要性。纯母乳喂养是不是真的达不到宝宝生长的营养需求，导致了体重增加不理想等。如果确定纯母乳无法满足宝宝的需要，才能在医生或专业人士地指导下科学地催乳，催乳不成功再合理添加配方奶粉，而不是仅凭自己的猜测或家人的压力盲目添加配方奶粉。

现实中，很多妈妈并不是不具备母乳喂养条件，而是没有掌握母乳喂养的方法或被一些错误的观念所误导。

采用混合喂养时，要尽量保持母乳的分泌，定时喂奶，哺乳妈妈要注意休息和营养、保持良好的心情，如果你需要外出工作超过6个小时，至少要挤奶1次甚至多次，并提前做好"背奶"的相关准备。母乳不足部分，再适量添加配方奶粉（表2-1）。

表2-1 母乳和配方奶粉成分对比

成分	母乳	配方奶粉	备注
蛋白质	1.0克/100毫升	1.5克/100毫升	母乳中的蛋白质吸收率和利用率高
钙	32毫克/100毫升	42~51毫克/100毫升	母乳中的钙容易吸收
铁	0.3毫克/100毫升	1.2毫克/100毫升	母乳中铁吸收率高达75%，奶粉中的铁吸收不高
维生素D	极少	40国际单位/100毫升	母乳喂养，注意补充维生素D
DHA	丰富	不一定丰富	不一定能满足宝宝的需要
抗感染因子	分泌型免疫球蛋白，乳铁蛋白等	无	母乳能降低感染性疾病的风险
过敏概率	低	高	母乳发生过敏率约0.5%，配方奶粉2%~5%不等

参考杨月欣主编《中国食物成分表》（2009版）

三、哪些情况不能母乳喂养

母亲疾病状况与哺乳禁忌：

（1）母亲感染人类免疫缺陷病毒（HIV）。

（2）患有严重疾病（如慢性肾炎、糖尿病、恶性精神病、癫痫或心功能不全等）。

（3）工作环境中存在放射性物质。

（4）接受抗代谢药物。

（5）使用化疗药物或某些特别的药物治疗期间。

（6）吸毒或滥用药物。

（7）患有单纯疱疹病毒感染。

（8）患有活动性肺结核。

以下这些疾病可以在医生指导下，采用正确的方法继续母乳喂养：

（1）哺乳妈妈患急性传染病时可将乳汁挤出，经巴氏消毒（62～65℃的温度，30分钟加热消毒）后哺喂。

（2）母亲为乙肝病毒慢性携带者，"大三阳"、"小三阳"。

（3）母亲为巨细胞病毒（CMV）血清阳性者可继续哺乳。如冷冻或加热消毒乳汁，可降低乳汁中CMV载量。

（4）患有甲状腺疾病的母亲可以安全哺乳，但需定期测定母亲甲状腺功能。

（5）母亲感染结核病，经治疗无临床症状时可哺乳。

（6）而通常情况下，妈妈感冒或发热都是可以哺乳的。哺乳时建议戴口罩，以防感冒传染给宝宝。

"大三阳"妈妈可以母乳喂养吗？[①]

一个朋友打电话问我，"大三阳"妈妈是否可以哺乳？以往对于这个问题，医生的建议是不宜哺乳。临床上很多"大三阳"甚至乙肝病毒携带者的妈妈都放弃母乳喂养了，但2013年发表在《中华妇产科杂志》上的《乙型肝炎病毒母婴传播预防临床指南（第1版）》（以下简称《指南》）却给出母乳喂养的建议。

《指南》指出：HBV感染孕期妇女乳汁中可检测出乙肝病毒表面抗原（HBsAg）和乙肝病毒DNA(HBVDNA)，曾经有专家认为乳头皲裂、婴幼儿过度吸吮咬伤乳头等可能将病毒传给婴幼儿，但这些均为理论分析，缺乏循证医学证据，也就是说以前的观点只是专家建议，不是科研得出来的科学证据。

---

① 中华医学会妇产科学分会产科学组.《乙型肝炎病毒母婴传播预防临床指南(第1版)》.中华妇产科杂志.2013,48(2):151-154。

在近几年的最新研究中，在无免疫预防措施实施情况下，母乳喂养和人工喂养的新生儿的感染率几乎相同。更多证据证明，即使孕妇乙肝e抗体（HBE）阳性，母乳喂养过程中并不增加感染风险。因此，正规预防后，不管孕妇乙肝e抗体（HBE）阳性还是阴性，母亲都可以母乳喂养新生儿，无须检测乳计中有无乙型肝炎病毒（HBV）的DNA。无论是"大三阳"还是"小三阳"妈妈，只要做好正规预防都可以母乳喂养自己的宝宝，不会增加宝宝感染乙肝的机会。

同时《指南》也建议：乙肝病毒表面抗原（HBsAg）阳性孕妇的新生儿，需随访乙型肝炎血清学标志物，且选择适当时间，目的在于明确免疫预防是否成功，有无乙型肝炎病毒（HBV）感染，以及是否需要加强免疫。预防成功后，无须每年随访。对乙肝e抗体（HBE）阳性母亲的子女，隔2~3年复查；如果乙肝表面抗原（HBsAg）降至10毫国际单位/毫升以下，最好加强接种1针疫苗；10岁后一般无须随访。

我将《指南》的内容告诉了朋友，并告诉他"大三阳"妈妈一样可以母乳喂养，但一定做好宝宝出生后的预防，出生后常规接受乙肝免疫球蛋白及疫苗。这位妈妈大胆接受了建议，进行母乳喂养。

后来再次电话问朋友这事时，朋友告诉我"宝宝好得很，没有感染"。听了这话，我心里也挺高兴。其实，与其说是我的指导，不如说是新《指南》让这位妈妈实现了母乳喂养。此外，经常也有父母问及这事，我让他们下载《指南》自己看。如果医生不让母乳喂养，建议把《指南》打印拿给医生看，可能会让更多的"大三阳"妈妈去尝试母乳喂养。

四、不同月龄宝宝一日奶量计算

人工喂养的父母很关心宝宝奶量的问题，经常有人在网上问我宝宝一日的奶量究竟需要多少。表2-2不同月龄宝宝奶量估算，供人工喂养的父母参考。

表2-2 不同月龄宝宝奶量估算

月龄	喂养次数	间隔时间	奶量（24小时）
0~3月龄	8~12次	按需喂养	500~750毫升
4月龄	6~8次	2~3小时	600~800毫升
5~6月龄	5~6次	3~4小时	800~1 000毫升

人工喂养的父母还清楚宝宝一顿能吃多少，很多哺乳妈妈则常担心"我的母乳够不够？"的确，怎么知道母乳宝宝有没有吃饱？

虽然乳房没有刻度，但我们可以从其他指标来评价宝宝是否吃饱了。当宝宝体重增长速度稳定（如每日增加25 ~ 30克）、睡眠状况良好、尿量每日超过6 ~ 7次，这些信息都提示母乳量充足。

相较母乳喂养，人工喂养的父母们虽然清楚地知道宝宝吃了多少，可宝宝需要多少奶量呢？一般情况下，人工喂养的奶量与母乳喂养的奶量差不多，3月龄以内按需喂养。为了避免人工喂养容易导致出现的过度喂养问题，建议妈妈根据宝宝的体重、能量需要（376.6 ~ 418.4千焦/千克）估算宝宝每日摄入的奶量。

如一个4千克重的宝宝，每日所需要的热能为376.6 ~ 418.4千焦×4=1 506.2 ~ 1 673.6千焦，一般奶类的热量为292.88千焦/100毫升。所以宝宝一日奶量大约为：总热量/（热量·100毫升）=1 506.2 ~ 1 673.6千焦/（292.88千焦/100毫升）=515 ~ 570毫升，也就是说这个宝宝每日需要500 ~ 600毫升的奶。当然也可能会多点也可能少点，但宝宝吃得过多或过少就需要引起你的注意。奶量太多容易造成过度喂养，太少则宝宝发育会受到影响。

提醒：对于刚出生的宝宝，要想达到目标能量摄入，可能需要有个过程，刚开始宝宝的胃容量还没有那么大！

五、早产/低出生体重儿的喂养

我接到过一位妈妈的咨询：33周早产儿，男婴，出生体重1 500克。宝宝已经9月龄了体重只有5 500克，身高60厘米。就算纠正胎龄以后，这个宝宝的发育还是明显落后。按理说，早产儿出生以后，正常情况下，会出现生长追赶的情况，到一定的月龄可以追赶上同龄的其他宝宝。可这个宝宝似乎是个"慢性子"。经过反复追问，原来宝宝出生后虽然一直采取母乳喂养，但并没有添加母乳强化剂。

母乳强化剂在我国使用率一直不高。对于体重小于1 500克的早产儿或低体重儿来说，母乳喂养时就要考虑添加母乳强化剂。这位妈妈由于没有得到相应的指导，在母乳喂养过程中没有给宝宝添加母乳强化剂，导致宝宝不能得到更多的营养物质来满足这种特殊情况下的生长。

根据这位妈妈所说，宝宝前4个月全母乳喂养，母乳是吸奶器吸出来喂的。5个多月龄时体重才4 500克，纠正胎龄为3月龄左右。根据世界卫生组织的标准，一般足月出生的宝宝在3月龄时的体重为6 000～7 500克，体重低于5 000克提示发育落后。

这个宝宝纠正胎龄以后并没有出现生长追赶的情况，更谈不上出现追赶速度。有医生建议她改喝早产儿奶粉，逐渐过渡到混合喂养。早产儿奶粉的能量确实比母乳能量高，一般早产儿奶粉的能量为334.72千焦/100毫升，而母乳的能量只有280.32千焦/100毫升。单纯母乳喂养而没有添加母乳强化剂的话，是不能满足宝宝的能量需要，所以宝宝到了6月龄，体重才5 000克，持续落后。

期间，宝宝又因支气管肺炎治疗1个月，不但没有长肉，反而消瘦很多。在宝宝7月龄时妈妈彻底放弃了母乳喂养，开始采用配方奶粉喂养。8月龄开始添加配方米粉，每日1次。8个半月龄体重5 500克。接下来的1个月宝宝体重又不增。

一般情况下，足月出生的宝宝满6月龄开始添加辅食不迟，可对于早产儿来说，需要个体化的辅食添加方案，一般为纠正月龄满 6 月龄开始添加辅食。虽然这个宝宝的纠正胎龄满 6 月龄，但体重才 5 500 克，此时是否可以添加辅食，要根据宝宝对食物的反应，以及添加辅食后是否有腹泻或便秘等肠道不良反应来判断。如果耐受良好，可以继续将米粉添加在奶粉里，增加奶粉的营养密度。

提醒父母，早产儿可能并不适合游泳锻炼。现在流行婴儿游泳，美国儿科学会在《育儿百科》第 5 版中明确指出：并不建议 4 岁以内的宝宝学习游泳。我也认为，早产儿或体重增加不理想的宝宝不宜过早进行游泳锻炼。这项活动给本来营养不够、发育就落后的早产儿带来不必要的能量消耗。

早产儿需要父母更多的呵护，更需要科学的喂养方法，但如果父母得不到正确指导或喂养方式不对，宝宝发育会持续落后。还有一些早产儿，由于过度喂养造成超重或肥胖，这也给他今后的健康带来了隐患，增加成年后患肥胖、心脏病、糖尿病、高血压等疾病的风险。

早产/低出生体重儿母乳喂养时需添加母乳强化剂和其他营养素

早产/低出生体重儿是指出生胎龄小于 37 周、出生体重低于 2 500 克的新生儿。根据《早产/低出生体重儿喂养建议》，早产/低出生体重儿，尤其极低出生体重儿(出生体重小于 1 500 克)在出生后早期常需要肠外营养(包括完全肠外和部分肠外营养)来保证其基本能量和营养物质的摄入。而早期经胃肠道喂养的基本目的是促进早产儿胃肠功能成熟，争取早日达到推荐所需营养和能量，满足其生长发育的需求。

早产儿母乳中的成分与足月儿母乳不同，其营养价值和生物学功能更适合早产儿的需求。研究证据表明，近期益处包括降低院内感染、坏死性小肠结肠炎(NEC)和早产儿视网膜病(ROP)患病率，远期益处包括促进早产儿神经运动的发育和减少代谢综合征的发生。一般来说，适合体重低于 2 000 克早产／低出生体重儿的乳类是强化母乳或早产儿配方奶粉，而前者无论从营养价值还是生物学功能都应作为早产儿父母首选。这就告诉我们，早产儿是完全可以实现母乳喂养的，母乳喂养可能降低很多疾病的发生，降低一些慢性病的发病概率。

母乳强化剂 目前国际上推荐纯母乳喂养的极低出生体重儿使用含蛋白质、矿物质和维生素的母乳强化剂（Human milk fortifier, HMF）以确保其快速生长的营养需求。添加时间是当早产儿耐受 100 毫升／(千克·日) 的母乳喂养之后，将 HMF 加入母乳中进行喂哺。

一般按标准配制的强化母乳可使其热量密度至 334.72 ~ 335.64 千焦／100 毫升。如果需要限制喂养的液体量，例如患慢性肺部疾病时，可增加奶的热卡密度至 376.56 ~ 418.4 千焦／100 毫升，母乳强化剂则应在达到 100 毫升／(千克·日) 前开始使用，以提供足够的蛋白质和能量。母乳强化剂在国外有多种商品化产品，有粉剂和浓缩液态奶，但在中国还不常见。

维生素 D 根据我国《维生素 D 缺乏性佝偻病防治建议》，早产或低出生体重儿生后即应补充维生素 D 800 ~ 1000 国际单位／日，3月龄后改为 400 国际单位／日，直至 2 岁。该补充量包括食物、日光照射、维生素 D 制剂中的维生素 D 含量。

铁剂 早产／低出生体重儿体内铁储备低，出生后 2 周需开始补充元素铁 2 ~ 4 毫克 (千克·日)，直至校正年龄 1 岁。该补充量包括强化铁配方奶粉、母乳强化剂、食物和铁制剂中的铁元素含量。

维生素 K 一方面由于母乳中维生素 K 的含量低，6 月龄内的宝宝生长发育迅速，对维生素 K 的需求高；另一方面新生宝宝肠道内合成维生素 K 的菌丛不足，合成的维生素 K_2 满足不了宝宝的生长需要。因此新生儿尤其是早产儿、低出生体重儿最容易发生维生素 K 缺乏性出血病，如自发性颅内出血。最早的新生儿出血性疾病可发生在出生后24小时内，可危及宝宝的生命；典型的新生儿出血症发生在出生后2～5日，严重的可导致死亡。迟发型新生儿出血症发生在全部或以母乳喂养为主并且出生时没有补充维生素K的宝宝，多发生致命性的颅内出血。

控制6月龄以内宝宝维生素K缺乏的关键在于预防，包括孕期和哺乳期妈妈要注意适当多进食富含维生素K的食物如绿叶蔬菜、肉类、蛋类、奶类等，使得胎儿及宝宝从母体及母乳中获得较多的维生素K。

《中国婴幼儿膳食指南》建议："对于母乳喂养儿，从出生到3月龄，可每日口服一定剂量的维生素K，也可采用出生后口服维生素K，然后到1周和1月龄时再分别口服维生素K。对于混合喂养和人工喂养的宝宝，可以从奶粉中获得一定量维生素K。"

因此，宝宝出生时，无论何种喂养方式，都需要在专业医生指导下口服或肌内注射维生素K以预防新生儿出血症的发生。

六、哺乳妈妈的饮食

很多哺乳妈妈为吃饭特别发愁，担心饮食安排不合理会影响母乳分泌或母乳的营养。哺乳妈妈在饮食上并没有多复杂，但合理安排很重要（以下食材按生重计算）。

（一）主食

每日谷类要充足，总量在300～400克不等，适当吃点杂粮（1/5左右）或全谷类。

（二）蔬菜

最好保持在500克左右，其中绿叶蔬菜最好占到2/3以上。

（三）水果

200～400克，相当于1个中等大小的苹果，或再加1根香蕉的量。

（四）优质蛋白质

适量多摄入荤菜，包括鱼、禽、蛋、瘦肉，200～300克，比平时要多吃100～150克。荤菜也要注意变换花样，最好平均每日有50克鱼、50克禽肉、50克鸡蛋；如果家里经济条件不宽裕，可以多吃点豆制品，如豆腐、豆腐皮、腐竹等。为了预防贫血，每周可以各吃一次安全来源的肝类或血块制品，如果不吃肝类、血块，膳食中可以多准备一些瘦肉、鱼类以及植物来源富含铁的食物如黑木耳、绿叶蔬菜、黑芝麻等，一般也能满足需要。

（五）奶类

每日300～500毫升，以获得丰富的钙。如果妈妈比较胖，可以选择低脂奶或脱脂奶。如果妈妈不喝奶或因为宝宝过敏不能喝奶，要注意补钙，同时注意摄入含钙丰富的食物，如豆腐、绿叶蔬菜、芝麻酱或芝麻粉等。

（六）海产品

海鱼除了含有优质蛋白质，还含有丰富的DHA，牡蛎含有丰富的锌，海带、紫菜富含碘，这些营养素对宝宝生长发育尤其是对大脑和神经系统发育非常重要，缺乏可能会导致宝宝智力发育受到影响。如果妈妈吃海鲜导致宝宝过敏，则注意回避3个月以上，然后再尝试。

研究表明，DHA充足有利于提高宝宝的智力。如果妈妈不吃或不喜吃鱼类，可以考虑补充点DHA，这样能保证母乳中DHA的含量，也可以直接给宝宝补充DHA，为宝宝的智力发育加分。

（七）控油、控盐

民间传统认为要有奶，多喝汤。很多老人喜欢给哺乳妈妈炖汤，排骨汤、羊肉汤、老母鸡汤等，需要注意的是，食用前最好撇去汤表层过多的油脂，不要吃得太油腻，同时炒菜时也要控制用油量，以免摄入过多的油脂，增加母婴肥胖的风险。

哺乳妈妈要注意口味清淡，每日摄入食盐总量最好在6克以内，这就意味着比平时少吃一半甚至以上的盐，这对于大多数妈妈确实有点难度，但起码要注意尽量控制盐的摄入量。为了宝宝的健康，妈妈的付出是值得的！见表2-3。

提醒：1个茶叶蛋中所含盐量约1克；1个咸鸭蛋中所含盐量约2～3克。

（八）哺乳妈妈一周食谱举例（表2-3）

表2-3　哺乳妈妈一周食谱举例

星期	餐次	食　　　　谱
	早上	牛奶250毫升、煮鸡蛋1个、花卷1～2个、拌黄瓜
	加餐	香蕉1～2根、点心
周一	中午	二米饭（白米、小米）、鱼香肉丝、炒小白菜、红烧鸡腿、紫菜蛋汤
	加餐	苹果1个、酸奶100毫升
	晚上	荠菜虾仁馄饨
	早上	八宝粥400～500毫升、卤鸡蛋1个、香菇青菜包1～2个
	加餐	牛奶250毫升、猕猴桃1个
周二	中午	西红柿鸡蛋面、蒜泥拌菠菜
	加餐	酸奶100毫升
	晚上	二米饭（白米、黑米）、青椒炒牛柳、凉拌豆角、清蒸鲈鱼、豆腐羹

（续表）

星期	餐次	食 谱
	早上	小米粥1小碗、小笼包、鸡蛋1个
	加餐	牛奶250毫升
周三	中午	白米饭、肉片炒笋瓜、毛豆炒虾仁、炒苋菜
	加餐	橘子2个或其他时令水果
	晚上	青菜肉丝面条
	早上	牛奶250毫升、胡萝卜木耳鸡蛋炒饭
	加餐	猕猴桃1个或葡萄150克
周四	中午	二米饭（白米、糙米）、青蒜苗炒干丝、拌芹菜、红烧牛肉3～5片
	加餐	酸奶100～200毫升、坚果一把（30～50克）
	晚上	韭菜肉水饺或白菜肉水饺
	早上	鸡丁土豆香菇包子2个、蒸红薯1个、豆浆400～500毫升
	加餐	酸奶100～200毫升，橘子或其他时令水果
周五	中午	二米饭（白米、黑米）、韭黄炒鸡蛋、青椒土豆丝、红烧带鱼、紫菜虾皮汤
	加餐	牛奶200～250毫升
	晚上	青菜肉丝木耳炒面
	早上	南瓜小米粥300～400毫升、馒头1～2个、西红柿炒鸡蛋
	加餐	牛奶250毫升、饼干
周六	中午	白米饭、鱼香茄子、炒辣白菜、麻婆豆腐、鱼头豆腐汤
	加餐	草莓或樱桃
	晚上	杂粮粥1小碗、蒸芋头1～2个、三文鱼1份、香菇炒青菜、拌黄瓜
	早上	黑米粥300～400毫升、鸡蛋饼1～2个
	加餐	牛奶200～250毫升
周日	中午	牛肉面、拌海带丝
	加餐	酸奶100～200毫升、橙子或柚子150～200克
	晚上	馒头或花卷1～2个、青椒土豆丝、韭菜炒豆腐皮、水煮鱼片

由于不同地区饮食习惯相差较大，哺乳妈妈的饮食需要结合当地饮食习惯、家庭经济条件等，尽量均衡搭配饮食，做到粗细搭配、荤素搭配及食物多样性，同时避开容易导致宝宝过敏的食物。

七、哺乳妈妈低脂饮食原则

（一）主食定量

不要吃得太精细，多吃全谷类及部分杂粮。这是因为，白馒头、白粥、米饭等，容易消化吸收，饱腹感不那么强。因此，可以将白粥换成杂粮八宝粥，白米饭换成黑米饭，白馒头换成全麦馒头或杂粮馒头，保证每餐都要摄入一定的杂粮包括燕麦、荞麦、红豆、小米等。杂粮里的维生素 B_1 能提高母乳的质量，让宝宝受益。其中含有的膳食纤维，对预防哺乳妈妈便秘也有帮助。由于粥的水分含量多，能量密度低，即便吃饱也不会有太多能量，不容易长胖。主食总量最好适当限制。

（二）多吃蔬菜

包括绿叶蔬菜、西红柿、芹菜、冬瓜、生瓜等各类蔬菜，有的蔬菜蒸熟或煮熟后用少量的油或芝麻酱拌一下即可。而西红柿、小西红柿、圣女果等可以作为水果直接进食。在控制主食时，适当增加蔬菜的摄入达到饱腹感。因为蔬菜中含有丰富的膳食纤维和微量营养成分，对妈妈和宝宝都十分有益。

（三）少吃甜食

之所要限制甜食（水果除外），主要因为甜食中纯糖含量比较多，当人体来不及消耗它的能量，它就会转化成脂肪储存起来，对控制体重不利。为了降低对甜食的兴趣，每日三餐都要吃饱喝足（但总热量要合理），这样对甜食、甜饮料的兴趣就会下降。

(四) 改变烹调方式，限制烹调油的用量

将使用油较多的烹调方式煎、炸、炒改成蒸、煮、炖。很多妈妈觉得，要有充足的母乳，就需要吃油一点，乳汁才显得更浓稠。其实，妈妈机体在孕期就储藏了很多脂肪，以便于哺乳期消耗。如果哺乳妈妈再摄入较多的脂肪，机体储存的脂肪就无法动用起来，自然就不容易减肥，过多的摄入脂肪，导致乳汁油水太多，也会增加宝宝超重或肥胖的机会。

(五) 减少荤汤摄入

以往都认为，哺乳妈妈要多喝荤汤才能下奶。其实，乳白色的荤汤不是用来下奶的，而是增肥的。汤的浓浓乳白色主要是乳化成微滴的脂肪，它并不是母乳中的营养物质。当然有的哺乳妈妈也喜欢喝汤，但是需要注意，喝汤时要去掉表面上的浮油，只喝清汤。为了避免摄入较多的脂肪，可以用豆浆或脱脂奶来替代鸡汤、排骨汤，且营养更加丰富，其中脱脂奶含有丰富的钙，是哺乳妈妈获得钙的良好来源。

(六) 注意适度的体育活动或运动

包括走路、做体操、练习瑜伽、慢跑、打羽毛球等健身活动，只要注意不要过于剧烈，一般不会影响母乳的质和量。很多人担心运动之后会产生乳酸，导致乳汁质量下降，其实，不是剧烈运动，是不会产生乳酸。再说了，乳酸也不是什么有毒物质，通常酸奶中也含有乳糖发酵产生的乳酸。

第二节 0~6月龄宝宝营养与健康问题

一、钙、维生素D、DHA的补充

(一)如何给宝宝补钙

是否需要给宝宝额外补钙，是很多妈妈关心的问题。根据最新推荐摄入量，0~6月龄宝宝钙的适宜摄入量每日为200毫克；7~12月龄宝宝为250毫克。

什么是适宜摄入量（AI）？适宜摄入量是指通过观察或实验获得的健康人群某种营养素的摄入量。例如，纯母乳喂养的足月出生的健康宝宝，从出生到4~6月龄，他们的营养素全部来自母乳，故母乳中的营养素含量就是宝宝的适宜摄入量。换句话说，适宜摄入量能满足几乎所有个体的需要。

一般来说，母乳含钙量约为32毫克/100毫升，母乳中钙的吸收率相对较高。配方奶中含钙量约为50毫克/100毫升，吸收率不如母乳中的钙理想。

6月龄以内宝宝怎么获得充足的钙？对于6月龄以内的宝宝，每日摄入200毫克左右的钙就足够了，相当于600毫升母乳、400毫升配方奶。所以，即使纯母乳喂养的宝宝通常也很容易达到对钙的需要量。6月龄以内的宝宝对钙的需要量是从母乳推算出来的，只要母乳摄入充足，宝宝一般不会缺钙，父母没有必要盲目给宝宝补钙。

(二)维生素D和钙的关系

说是"缺钙"？其实宝宝真正容易缺乏的是维生素D。缺乏维生素D，即使补再多的钙，也无法吸收。通常所说的佝偻病，不是缺钙，而是缺乏维生素D。

维生素D的活性形式包括维生素D_2和维生素D_3。维生素D是种脂溶性维生素，可由储存在身体皮下的胆固醇衍生物经过紫外光照射转化而成，也可从饮食中获得一定量的维生素 D。但是，从饮食中或皮肤合成的维生素 D 是没有生理活性的，必须被某种条件激活才能具有生理作用。在某些特定条件下，如居住在日照不足、空气污染阻碍紫外线照射的地区，维生素 D 必须通过食物或补充剂供给才能满足机体的需要，故又认为维生素 D 是条件性维生素。

维生素 D 和钙有什么关系？这是因为，钙在小肠内被吸收需要钙结合蛋白的帮助，而维生素 D 好比一把"钥匙"，能够诱导机体产生钙结合蛋白，从而打开钙吸收的"大门"。另外，维生素 D 还能促进肾脏对钙的重吸收，减少钙的流失，这种"双保险"维持体内钙含量。如果婴幼儿体内的维生素 D 缺乏，就会导致维生素 D 缺乏性佝偻病。因此，通常所说的宝宝"缺钙"并不是真正意义上的缺钙，而是缺乏维生素 D。

根据《中国居民膳食营养素参考摄入量》（2013 版），3 岁以内婴幼儿的维生素 D 适宜摄入量每日为 400 国际单位（10 微克），3 岁以上儿童每日推荐量还是 400 国际单位，而 800 国际单位以内的剂量都是安全的（治疗剂量则需要更高）[①]。

维生素D最好补充到什么时候？

维生素 D 既可以从膳食中来，也可以通过皮肤合成。对于成年人来说，只要经常晒太阳，就能获得维生素 D；对于正在发育的婴幼儿来说，虽然只通过单晒太阳的方式无法保证获得足够维生素 D，但还是推荐在条件允许的

---

① 2014年9月，美国儿科学会发布了《优化儿童和青少年骨骼健康》临床报告：
（1）0~6月龄宝宝，每日获得维生素D的参考摄入量，推荐量为400国际单位，安全剂量为1 000国际单位。
（2）6~12月龄推荐量为400国际单位，安全剂量达1 500国际单位。
（3）1岁以上推荐量为600国际单位。1~3岁的安全剂量为2 500单位；4~8岁的安全剂量为3 000单位；9~13岁的安全剂量为4 000单位。
提示：宝宝每日即使摄入1 000国际单位的维生素D也是安全的。而在明确缺乏维生素D的情况下，作为治疗会超过800国际单位，甚至达到几千单位，持续1月以上，而单次治疗剂量可达到几万单位。常规补充只要获得推荐摄入量即可，不缺乏的情况下不建议大剂量长期补充。

情况下适量晒太阳。孕妇在孕期缺乏维生素D也可能会影响胎儿的健康发育，造成宝宝出生就患上了佝偻病。

宝宝出生后，如果是母乳喂养，由于母乳中维生素D含量极低，从母乳中获取的维生素D很有限，所以纯母乳喂养的宝宝，更容易缺乏维生素D，尤其是在冬季户外时间较少时。建议宝宝出生2周后开始，每日摄入维生素D 400国际单位，最好补充到2周岁半以后。通过包括晒太阳、奶品、补充维生素D制剂等多种渠道获得生长所需的维生素D，预防佝偻病的发生。

2岁半以上的宝宝可以通过户外活动获得较多的维生素D。但是，如果在冬季，或持续的阴雨、雾霾天，通过晒太阳获得维生素D可能受到很大的影响。遇到这种情况，可以隔三差五给宝宝补充点维生素D，或者选择强化维生素D的奶类，如配方奶等。

经常有父母问维生素D什么时间吃最好。作为常规补充，在哪个时间吃，人体都能够吸收。维生素D属于脂溶性的，当人体暂时不用时会储存起来，以备随时调用。

（三）宝宝需要补充DHA吗？

DHA既为二十二碳六烯酸，是人体必需脂肪酸。必需脂肪酸在人体不能合成，必须从食物中摄取，包括ω-6系列多不饱和脂肪酸和ω-3系列多不饱和脂肪酸。ω-6系列多不饱和脂肪酸包括亚油酸，在植物油中非常普遍，大豆油、玉米油均含有大量的亚油酸。ω-3系列多不饱和脂肪酸包括α-亚麻酸、EPA（二十碳五烯酸）、DHA。α-亚麻酸富含于亚麻籽、紫苏籽，少量存在于核桃、南瓜子、大豆油中，在人体内可以转化成DHA，但通常效率不高（1%～3%）。EPA、DHA在通常存在于海鱼及海产品中。

宝宝大脑含60%脂肪，其中20%是ω-3脂肪酸（主要是DHA和EPA）。对脑神经传导和突触的生长发育具有重要意义。宝宝是否需要补充DHA？根据《中国居民膳食营养素参考摄入》（2013版），宝宝每日适宜摄入DHA和EPA 100毫克。也有最新研究资料提示，宝宝每日摄入70毫克左右的DHA效果已经很好。

哺乳妈妈每周可摄入鱼500克，包括340克以内的海鱼（小黄鱼、三文鱼等），可保证宝宝获取足够的DHA。不爱吃鱼的哺乳妈妈，注意增加含α-亚麻酸植物油的摄入，如亚麻籽油、紫苏籽油，可以在体内转化成DHA，但效率不高。因此建议哺乳妈妈每日补充DHA200～250毫克，也可以给宝宝每日补充100毫克左右的DHA，当然多点或少点都没有关系。

对于人工喂养的宝宝来说，市售奶粉中一般都强化了DHA，你可以计算一下宝宝是否能从奶中获得足够的DHA，如果达不到100毫克，甚至相差较远，可以考虑补充。

宝宝满6月龄后就该添加辅食了，可以逐步尝试从鱼类食物中尤其是从海鱼中，获得一定量的DHA，而对鱼肉过敏的宝宝只能通过补充剂获得DHA了。需要提醒的是，DHA并非补得越多越好。DHA属于多不饱和脂肪酸，不太稳定，如果DHA补充剂补充太多，会增加体内的负担，甚至氧化产生对人体有害的自由基。因此，DHA不是补充越多越好。需要则补充，对健康有利，盲目跟风补充不一定是好事。

二、宝宝对奶蛋白过敏怎么办

（一）母乳喂养的宝宝过敏怎么办？

虽然母乳喂养发生过敏的概率很低，约为0.5%，但仍然会引起过敏，最先考虑的是牛奶蛋白过敏。为什么母乳喂养的宝宝也会发生过敏？虽然宝宝没有直接接触牛奶，但妈妈可能进食了牛奶及其制品，导致宝宝间接接触到牛奶蛋白而出现过敏。预防及治疗牛奶蛋白过敏最佳方法是回避牛奶蛋白。

母乳喂养的宝宝，可以继续母乳喂养，而哺乳妈妈需回避牛奶及其制品至少2周；部分过敏性结肠炎婴儿的母亲需持续回避4周。若哺乳妈妈回避牛奶及制品后，宝宝症状明显改善，母亲可逐渐加入牛奶，如症状未再出现，则可恢复正常饮食；如症状再现，则母亲在哺乳期间均应回避牛奶及其制品，并在断母乳后给予深度水解蛋白配方或氨基酸配方奶粉。因牛奶为钙的主要来源，在母亲回避饮食期间应注意补充钙剂。

对于严重牛奶蛋白过敏的宝宝，母亲饮食回避无效时，且明显影响宝宝生长发育的，可在医生指导下采用深度水解蛋白配方或氨基酸配方奶粉代替母乳，但通常情况下，不建议轻易停止母乳喂养。

提醒：母乳喂养的宝宝也会出现湿疹症状，有的与哺乳妈妈的饮食有关系，有的可能没有关系，而是与遗传、环境等因素有关。

（二）混合、人工喂养的宝宝过敏怎么办？

一些宝宝吃了奶粉后脸上及身上都出现了湿疹，宝宝很可能对牛奶蛋白过敏。宝宝一旦对牛奶蛋白过敏，混合或人工喂养的宝宝，应完全回避含有牛奶蛋白成分的食物及配方奶粉，并以低过敏原性配方奶粉替代。接下来，介绍4种低敏配方奶粉。

1. 氨基酸配方

氨基酸配方不含肽段、完全由游离氨基酸按一定配比制成，故不具有免疫原性。对于牛奶蛋白合并多种食物过敏、非 IgE 介导的胃肠道疾病、生长发育障碍、严重牛奶蛋白过敏、不能耐受深度水解蛋白配方的宝宝推荐使用氨基酸配方。

2. 深度水解配方

深度水解配方是将牛奶蛋白通过加热、超滤、水解等特殊工艺使其形成二肽（2

个氨基酸）、三肽（3个氨基酸）和少量游离的氨基酸，分子量变得很小了，与分子量较大的蛋白质相比（蛋白质是多个氨基酸分子构成的，具有一定的空间立体结构），大大减少了蛋白质所具有的抗原表位的空间结构，从而显著降低抗原性，故适用于大多数牛奶蛋白过敏的患儿。少于10%牛奶蛋白过敏患儿不能耐受深度水解配方，故在最初使用时，应注意有无不良反应。

3. 大豆蛋白配方

以大豆为原料制成，不含牛奶蛋白，其他基本成分同常规配方奶粉。由于大豆与牛奶存在交叉过敏反应且其营养成分不足，一般不建议选用大豆蛋白配方进行喂养，经济确有困难且无大豆蛋白过敏的大于6月龄患儿可选用大豆蛋白配方；但对于有肠绞痛症状的婴儿不推荐使用。

4. 其他动物奶

考虑营养因素及交叉过敏反应的影响，故不推荐采用未水解的驴乳、羊乳等进行替代治疗。

提醒：宝宝在添加辅食以后，同样需要注意观察辅食是否会引起过敏，一旦确定该食物过敏，则需要回避3个月以上。

第三节 7～12月龄宝宝辅食添加

一、添加辅食的最佳时机

当宝宝快到该添加辅食时，不少新手妈妈难免要犯愁了。什么时候开始给宝宝添加辅食呢，是 4 月龄还是 6 月龄？

根据世界卫生组织的建议，对于健康足月出生宝宝，引入辅食的最佳时间为满 6 月龄。对于部分发育较快的宝宝也可以稍微提前引入辅食。如果纯母乳喂养满 4 月龄以上的宝宝，如果生长过缓或总是饥饿，则可以考虑添加辅食，但不能早于 4 月龄，当然，辅食的引入也不能迟于 8 月龄。

（一）过早添加辅食引起的麻烦

对于足月出生的健康宝宝，一般推荐满 6 月龄开始添加辅食，可有的父母却过早地给宝宝添加了辅食，甚至认为"添加辅食不能让宝宝输在起跑线上"。

我在新生儿外科病房做营养评估时见到了一个因为肠套叠实施了紧急手术的婴儿。这个宝宝才刚 4 月龄多几天，体重超过 8 千克。父母说，虽然他只有 4 月龄但已经添加了辅食，一顿能吃很多米粉，有时吃完米粉还能再吃一个蛋黄，只要给就吃，胃口很好。发病前，吃了辅食后宝宝哭闹不止，随后肚子发胀。送到医院以后，医生确诊为肠套叠、肠坏死，需要立即实施手术。

添加辅食怎么会引发肠套叠呢？

肠套叠是指一段肠管套入与其相连的肠腔内，导致肠内容物通过障碍。该病多发于婴幼儿，特别是 2 岁以下的儿童。近些年来，我在小儿外科见到的肠套叠患儿几乎都是超重或肥胖的，一般只有 4～5 月龄。

有资料提示，辅食添加过快过多，有可能会导致宝宝发生肠套叠。当然，辅食添加过早或过快，最常见情况是可能会导致宝宝腹泻或呕吐，发生肠套叠或许是极端的案例，但为了避免类似的病例发生，除了避免过度喂养宝宝之外，辅食添加也要循序渐进，不要操之过急。

宝宝是否可以添加辅食，要看宝宝的接受能力。有的宝宝或许到了4月龄已经具备添加辅食的条件，但有些宝宝到了6月龄才可以吃辅食。如果宝宝在4月龄还不具备吃辅食的能力，而父母急着给他添加辅食，就会引发麻烦。在临床上我碰到很多过早添加辅食导致宝宝腹泻或便秘的案例，一旦发生腹泻，可能会持续2周，甚至4周以上。美国儿科学会也建议宝宝6月龄后开始添加辅食。

（二）过晚添加辅食引起的麻烦

有家长过早给宝宝添加辅食，也有部分家长迟迟不愿给宝宝添加辅食。一些宝宝满8月龄了，仍然几乎没有添加辅食，这是不恰当的。一方面单靠奶类营养不能满足宝宝生长发育的需求，另一方面由于没有及时引入富含铁的食物容易造成宝宝出现缺铁性贫血，还可能会错过宝宝吞咽训练的窗口期。

一位妈妈曾经告诉我，她的宝宝从出生到1岁只吃母乳，不吃任何辅食，后来宝宝出现严重的贫血，吃了几个月的补铁药，也不见好转。

我在营养咨询门诊碰到一位爷爷带着2岁多的孙女就诊。爷爷说，孙女吃饭不行，只要吃固体食物就会干呕。

经过膳食调查发现，女孩的饮食主要是爷爷奶奶负责。为了让宝宝的饮食容易消化吸收，从添加辅食开始，辅食全部被制作成流质食物，到了1岁以后，吃的食物，也全部用辅食料理机进行粉碎。宝宝一直吃流质食物，咀嚼能力根本没有得到很好地训练，以至于到了2岁，宝宝只要吃固体食物就会干呕。

过晚添加辅食不仅会出现贫血等营养素缺乏问题，还会影响到宝宝咀嚼吞咽固体食物的能力，给以后进食制造麻烦。

4～6月龄宝宝可以添加辅食么？

现实中，很多父母在宝宝不到4月龄的时候就急着开始喂果汁、米汤等。事实上，满4月龄就具备添加辅食条件的可能只有部分宝宝。一般情况下，即使宝宝在4月龄基本具备了添加辅食的条件，但仍建议从6月龄开始添加。知名妇幼专家汪之顼教授认为："4～6个月开始添加辅食说得可能没错，但对于父母来说不容易把握，最好建议父母在宝宝满6月龄后开始添加辅食，即使宝宝发育较快也不要轻易过早添加辅食，一般满6月龄添加不迟。"辅食引入也不能迟于8月龄，有的宝宝在8月龄还没有加辅食显然有点迟了。

二、如何给宝宝成功添加辅食

经常有父母为宝宝添加辅食而犯愁，有妈妈反映宝宝不愿吃辅食，也有妈妈反映宝宝只爱吃某种辅食拒绝其他辅食，甚至到了很大也仍然只吃某类辅食。如何成功给宝宝添加辅食，父母需要掌握添加辅食的要领。

(一)引入顺序

引入第一种辅食的原则应是可补充铁、锌的食物。如强化铁的谷类食物、肉泥、鱼泥、豆腐等。

其次，为其他第一阶段辅食，如水果泥、根茎类或瓜果类的蔬菜泥等。宝宝第一阶段食物主要帮助训练宝宝的咀嚼、吞咽技能及刺激味觉发育，同时补充少量维生素和矿物质营养，辅食的添加量不宜影响宝宝一日饮食总能量的摄入或改变其生长速度。

7～8月龄后逐渐转变为宝宝第二阶段食物，直至过渡到成人食物；为保证主要营养素和高能量密度，7～12月龄宝宝仍应维持每日奶量(600～800毫升/日)，摄入其他食物量有较大个体差异，原则上以不影响每日奶量的摄入。

蛋黄不是宝宝首选辅食

一位学医的老同学得意地告诉我，她家宝宝4个多月了，已经可以吃1/4个蛋黄了。原来，这位也是医生的老同学和很多父母一样，还在遵守着"传统"观念——吃蛋黄！

宝宝辅食首选蛋黄的说法，曾经出现在旧版的儿科相关教材里。这种观点至今还影响着很多人，不少儿科或儿保科医生依然还是这样和家长们说的，但无论是《中国居民膳食指南》，还是在国外育婴指南上都不建议将蛋黄作为宝宝辅食首选。

不建议蛋黄作为首选辅食的主要原因：蛋黄虽然营养丰富，但并非是补铁的最佳食品，且蛋黄容易引起宝宝食物过敏。蛋黄中所含的铁为磷酸铁，吸收率低。1个蛋黄含铁约0.4毫克，吸收率仅为3%。

目前，世界上较为公认的观点，可首选强化铁营养素的谷类食物，如强化铁的婴儿米粉。目前市场米粉品牌很多，建议不要选择加糖的米粉，而是原味婴儿米粉。加糖米粉可能会让宝宝对含糖食品成瘾，或干扰原味食物的摄入；还可能影响宝宝血糖的稳定。

市售米粉种类多，有的含有蛋黄、牛奶等成分。如果你家宝宝对蛋黄、牛奶等过敏，妈妈要谨慎选择。如果对市售米粉过敏，则需要考虑采用自制米粉，或选择不含过敏成分的米粉。

一些家庭可能认为自制米粉更好。从营养角度分析，用糙米或小米制作的米粉比精白大米更有营养。同时需要及时引入肉泥、鱼泥、肝泥（安全来源的）等含铁丰富的辅食，以免宝宝因铁摄入不足导致缺铁性贫血。

虽然蛋黄不是宝宝的首选辅食，但妈妈可以在宝宝接受富含铁的辅食之后再添加蛋黄。宝宝满6月龄后吃蛋黄不代表会有什么问题，蛋黄作为宝宝的辅食之一，7月龄开始尝试蛋黄也不迟，但对于一些食物过敏的宝宝1岁以后开始吃蛋黄也没有关系。

如果仍然过敏则需要继续回避。对蛋黄不过敏，一般在1岁左右可以尝试全蛋，如蒸蛋，当然有的宝宝在8月龄左右已经开始吃蒸全蛋了。

（二）逐渐适应

宝宝接受一种新食物有个适应的过程，故每种宜多次尝试（甚至达10～15次），宝宝逐渐接受后再尝试另一种新食物。父母要有足够的耐心，让他有足够的时间去学习接受新的食物。

单一食物引入的方法可刺激宝宝味觉的发育，亦可帮助父母观察宝宝是否出现食物不良反应，特别是食物过敏。当然，对于确认不会引起过敏反应的食物，有时候可同时尝试几种辅食。新食物的量应由少到多，即从1勺开始，逐渐加量，即"由少到多，一种到多种"，至6～7月龄后辅食可代替1～2顿奶。

最初给宝宝添加的辅食有哪些？

澳大利亚最新的《婴幼儿喂养指南》（2012）：6月龄以后的宝宝，首先应优先引入含铁丰富的泥糊状食物，包括强化铁的谷类食物（米粉）、肉泥、鱼泥、煮熟的豆腐等。这些富含铁的食物能被宝宝接受后，就可以尝试各类适合的辅食，包括根茎类和瓜豆类蔬菜泥（如南瓜泥、胡萝卜泥）、果泥（如煮熟的香蕉泥、苹果泥），尽量使宝宝的辅食做得多样化。

在《中国居民膳食指南》提到宝宝添加了谷类食物（如营养米粉）之后，接着添加蔬菜汁（蔬菜泥）、水果汁（水果泥），最后才是动物性食物包括蛋羹、鱼、禽、畜肉泥（松）。

从营养与安全角度来看，给宝宝添加蔬菜汁意义不大，建议添加蔬菜泥。蔬菜汁里几乎没有营养。而面对全球儿童及成人超重问题的日趋严重，给宝宝添加果汁实在是不明智。由于果汁容易喝多，且在体内消化吸收快，容易转化成脂肪储存起来，会加重宝宝超重或肥胖的发病风险，还会导致宝宝嗜好甜食。所以世界卫生组织及一些国外育婴指南建议直接添加菜泥及果泥。

有的父母担心，对于6月龄的宝宝开始添加肉类，会不会太早？宝宝能消化吗？其实，宝宝这时候消化系统已具备了消化含蛋白质肉类的能力，你可以将肉类做成肉泥或肉糊是完全没有问题的。

（三）食物质地转换

宝宝的食物质地应随年龄增长而变化，促进宝宝口腔功能发育：

（1）6月龄时用泥状食物训练口腔协调动作及吞咽能力。

（2）7～9月龄用碎末状食物（切得很碎或剁得很碎）帮助宝宝学习咀嚼，增加食物的能量密度。

（3）12月龄后可尝试与其他家庭成员进食相同的食物，但在烹饪的方法上要稍软、烂些，口味也要清淡一些。

提醒：3岁前应避免容易引起窒息的食物，如花生、瓜子等坚果类食物。

（四）进食技能培养

宝宝的进食技能发育水平与幼儿的进食习惯培养及生长发育有关：

（1）6月龄时学习用勺进食。

（2）7～9月龄时训练用杯喝水。

（3）10～12月龄训练用手抓食，手指食物可帮助宝宝增加进食兴趣，提高手眼协调和独立进食能力。

如何判断宝宝能不能吃辅食了?

现实生活中从4月龄开始给宝宝添加辅食的情况实在太普遍了,不是说一定非要等到满6月龄开始才开始添加辅食。该不该给宝宝添加辅食,还要看宝宝个体发育情况。如果你的宝宝已经表现出以下几点,你可以考虑给他添加辅食:

(1)对辅食感兴趣,当你吃东西时,宝宝盯着你或食物看。

(2)抬舌反射消失,不再用舌头把喂辅食的勺子顶出,能吞咽辅食。

(3)能用手抓住物品,准确放到嘴里。

(4)能够坐稳(通常满6月龄的宝宝才能坐稳)。

早产/低出生体重儿在添加辅食时与正常健康足月儿没有明显区别,无非在时间上不同,正常足月宝宝建议满6月龄开始添加辅食,对于早产/低出生体重儿何时添加辅食,更需要个体化的指导,但通常是在纠正胎龄满6月龄以后。是否能给宝宝添加辅食,还要看宝宝的具体发育情况:

(1)宝宝对辅食感兴趣,当你吃东西时,宝宝盯着你或食物看。

(2)抬舌反射消失,不再用舌头把喂辅食的勺子顶出,能吞咽辅食。

(3)能用手抓住物品,准确放到嘴里。

(4)能够坐稳。

三、不同宝宝的辅食添加方法

根据世界卫生组织的建议,对于足月健康出生的宝宝,满6月龄开始添加辅食。然而,对于一些特殊宝宝,在辅食添加过程需要注意什么呢?

(一)母乳、混合、人工喂养的宝宝

对于一般足月儿,推荐纯母乳喂养满6月龄开始添加辅食,但混合、人工喂养的宝宝是不是可以提前添加辅食呢?其实,母乳、混合、人工喂养的宝宝,在添加辅食的时间上并没有明显的差别，需要结合宝宝的具体情况。

（二）　贫血的宝宝

有的宝宝满 6 月龄后可能患上缺铁性贫血（如果孕期妈妈缺铁或患有缺铁性贫血，宝宝可能不到 4 月龄就开始贫血）。贫血宝宝可在 4 月龄后小剂量补铁，在添加辅食时就要注意首先引入富含铁的辅食，包括强化铁婴儿米粉（糊）、肉泥（糊）、鱼泥（糊）。有的父母会担心，过早给宝宝开"荤"会不会导致宝宝消化不良，其实宝宝出生以后就具备消化蛋白质的能力，刚开始添加辅食需要做成是糊状或泥状。

肝类含铁高，吸收好，在确保安全来源的情况下，宝宝可以尝试进食肝类。有的宝宝已经患有贫血，补充铁剂效果不理想的情况下，也可考虑使用市售肝粉来补铁。

为什么要及时引入富含铁的辅食？

根据《中国 0～6 岁儿童营养发展报告》指出，2010 年，6～12 月龄的宝宝患贫血率最高，农村儿童贫血患病率高达 28.2%。6～12 月龄的宝宝之所以出现这么高的贫血率，主要是辅食引入不当造成的。

6 月龄以后的宝宝，出生时体内储存的铁消耗殆尽，如果此时未能及时从食物中获取足够的铁，就容易导致缺铁或缺铁性贫血。

而在中国很多地区，传统的养育方法，宝宝最先引入的辅食不是强化铁的婴儿米粉，也不是肉类、鱼、禽、畜肉泥，而是蛋黄或白稀饭。有的父母甚至在宝宝快 1 岁了还没有给他"开荤"，显然容易造成缺铁或缺铁性贫血。

因此，及时引入富含铁的辅食非常重要，包括含铁米粉、肉泥、鱼泥、煮熟的豆腐等，这个观点也在 2012 年澳大利亚婴幼儿喂养指南中得到了体现。

（三）过敏体质的宝宝

有过敏体质的宝宝，晚添加辅食并不能避免过敏。因此，即使有过敏体质的宝宝，也需要及时添加辅食，添加辅食的月龄和其他宝宝没有差别，但在添加辅食过程中，需要密切观察宝宝的反应，尤其是添加容易过敏的鱼虾、蛋黄等食物，发现过敏就要及时停止进食该类辅食至少 3 个月。

有的父母，给宝宝添加含有导致宝宝过敏的食物，因为症状不严重没有及时停止，导致宝宝持续的过敏。

通常对牛奶蛋白过敏的宝宝，在添加蛋黄时一定要慎重，因为他们之间可能含有交叉过敏原。

在辅食添加过程中，需要一种一种食物添加，这样有利于观察宝宝对每种食物是否存在过敏或不耐受，如果存在问题，如口周红肿、腹泻或便秘，应及时停止添加该食物。

有父母发现宝宝吃了辅食后出现了过敏，就非常紧张，不敢给宝宝尝试其他新的辅食，担心再次过敏。其实，发现宝宝对某种食物过敏，只需要停食即可，你还是可以继续让他尝试新的辅食，如果对新的辅食再次过敏，仍然需要回避，切不可因为一次或两次过敏就不让宝宝尝试新的辅食，这样容易造成宝宝食谱单一，给宝宝日后出现挑食、偏食等坏习惯埋下隐患。

（四）早产儿

早产儿添加辅食的时间不好把握，按照常规时间添加可能不行。一般可以根据纠正胎龄以后满 6 月龄开始添加辅食，同样需要优先引入富含铁的辅食。

有父母认为早产儿也应该与普通足月健康出生的宝宝一样的月龄添加辅食，对于生长部分已经追上或接近同月龄的宝宝来说，或许不是问题，但对于胎龄较小的早产儿，辅食添加过早会带来麻烦。当然，早产儿辅食添加也不能太迟，否则可能会造成营养跟不上，出现缺铁性贫血等问题。

（五）腹泻宝宝

宝宝腹泻期间，一般建议暂时停止辅食，等腹泻好了，再重新开始添加。当然，对于大一点的宝宝，即使腹泻也是可以适量进食辅食，如粥类等。需要注意的是，如果腹泻时间较长，宝宝有可能会出现乳糖不耐受，母乳喂养的宝宝需要添加乳糖酶，而人工喂养或混合喂养的宝宝则需要换成无乳糖奶粉。

（六）母乳摄入不足的宝宝

在正常情况下，宝宝可以纯母乳喂养到 6 月龄，但宝宝满 4 月龄以后，如果生长过缓或总是饥饿，在母乳喂养的同时，可以考虑添加辅食。

有的妈妈为了纯母乳喂养宝宝满 6 月龄，忽略了母乳不足的情况，满 4 月龄没有添加辅食，导致宝宝体重增加不理想，发育落后。

因此，需要正确评估母乳是否充足，如果确实不足，宝宝已经满 4 月龄就可以考虑开始添加辅食，如果还没有满 4 月龄，通过采取各种措施仍然不能增加母乳的量，可以考虑混合喂养。

宝宝在添加辅食过程中或许会碰到很多问题，特殊的宝宝需要特殊处理，这就需要新手父母不断学习，必要时及时向医生寻求帮助。

四、7~12月龄宝宝辅食安排

（一）7～9月龄宝宝的辅食

经过 1 个月的辅食尝试，7 ～ 9 月龄的宝宝不能只进食糊状食物了，可以尝试进食碎末状食物。这个时期是辅食添加的重要"窗口期"，也是训练宝宝咀嚼、吞咽能力的关键时候。

如果宝宝在 8 月龄时仍然没有吃过辅食，或只吃流质的辅食，错过咀嚼、吞咽能力训练的关键时期，以后他就可能需要更长的时间来学习。有调查提示：一些宝宝在发育过程中发音晚、说话迟，可能与婴儿期辅食添加时间过晚有关。

稠粥、烂面条、碎菜、碎水果、蛋黄、肉末、鱼末、豆制品等是这个时期主要添加的食物。具体在哪个时间点喂奶，哪个时间点吃辅食，并没固定的时间表，要根据各个家庭的饮食安排情况。需要注意的是，辅食安排不要太多，在这月龄段，每日安排 1 ~ 2 餐次即可。宝宝辅食要逐步多样，但也需要回避容易导致宝宝过敏的食物。

7 ~ 9 月龄宝宝一周食谱举例（表 2-4），供妈妈们参考，具体时间及辅食顺序安排需要结合宝宝日常生活情况，对于不能接受碎末状食物的宝宝，还是先给泥状辅食，如米粉泥等，然后再慢慢尝试。

表2-4　7~9月龄宝宝一周辅食食谱举例

星期	早餐（6:00）	加餐（9:00）	午餐（12:00）	加餐（14:00）	加餐（15:00）	晚餐（18:00）	加餐（20:00）
周一	母乳或配方奶		白米粥鱼肉泥（末）	水	母乳或配方奶	肉末胡萝卜泥香蕉	母乳或配方奶
周二	母乳或配方奶		小米粥肉末豆腐	水	母乳或配方奶	蛋黄1/2个苹果泥或条	母乳或配方奶
周三	母乳或配方奶		烂面条香瓜泥（条）	水	母乳或配方奶	小米白米粥蒸三文鱼泥	母乳或配方奶
周四	母乳或配方奶		南瓜小米粥火龙果	水	母乳或配方奶	肉丸青菜泥或末	母乳或配方奶
周五	母乳或配方奶		烂面条鸡肉末	水	母乳或配方奶	蛋黄1/4~1/2个西瓜	母乳或配方奶
周六	母乳或配方奶		肉末青菜粥	水	母乳或配方奶	鱼泥猕猴桃	母乳或配方奶
周日	母乳或配方奶		蒸蛋黄烧土豆块	水	母乳或配方奶	肉末烂面条	母乳或配方奶

根据宝宝的作息合理安排餐次

(二) 10～12月龄宝宝的辅食

10～12月龄的宝宝，就可以吃碎状食物，如碎馒头、软饭、碎肉、馄饨、水果块（条）等。

12月龄后，宝宝的饮食可以慢慢向成人餐桌饮食模式过渡了，母乳喂养的宝宝可以继续母乳喂养，人工喂养的宝宝每日仍然需要有一定的奶量。

如何给宝宝安排每日的饮食，需要结合宝宝的接受能力，不同地区的饮食习惯，宝宝的营养状况，必要时在营养师指导下，制订个体化的饮食方案。需要注意的是，宝宝的饮食需要多样化，让宝宝尝试各类食物，有利于营养均衡，避免以后出现偏食或挑食问题。10～12月龄宝宝一周食谱举例（表2-5），6～12月龄宝宝进食安排表（表2-6）。

表2-5　10～12月龄宝宝一周食谱举例

星期	加餐（6:00）	早餐（9:00）	加餐（10:00）	午饭（12:00）	加餐（14:00）	晚餐（18:00）	加餐（20:00）
周一	母乳或配方奶	小米粥蛋黄	水果/水	西红柿炒蛋烂米饭	母乳或配方奶	鸡汤青菜面条	母乳或配方奶
周二	母乳或配方奶	白米粥蛋黄	水果/水	鱼丸蒸南瓜	母乳或配方奶	猪肉馄饨	母乳或配方奶
周三	母乳或配方奶	胡萝卜末蒸蛋	母乳或配方奶	白菜猪肉水饺	水果/水	西红柿肉末面条	母乳或配方奶
周四	母乳或配方奶	小米粥炒嫩菜叶	水果/水	小肉丸	母乳或配方奶	三文鱼肉菜粥	母乳或配方奶
周五	母乳或配方奶	黑米粥	母乳或配方奶	肉末青菜面条	水果/水	肉丸烂面条	母乳或配方奶
周六	母乳或配方奶	八宝粥	水果/水	烂米饭嫩菜叶	母乳或配方奶	鸡肉香菇包白米粥	母乳或配方奶
周日	母乳或配方奶	小馄饨	母乳或配方奶	肉末豆腐土豆羹	水果/水	烂米饭肉末烧茄子	母乳或配方奶

根据宝宝的作息合理安排餐次

表2-6　6~12月龄宝宝进食安排

月龄	食物性状	种类	餐次		进食技能
			主餐	辅餐	
6月龄	泥状食物	奶类（母乳、配方奶）第一阶段食物	5~6次奶类（断夜奶）	含铁配方米粉逐渐至1餐	用勺喂
7~9月龄	末状食物	奶类（母乳、配方奶）第二阶段食物	4~5次奶类	1~2餐谷类食物	学用杯子
10~12月龄	碎食物	奶类（母乳、配方奶）第三阶段食物	2~3次奶类	2餐谷类食物，1次水果	学抓食，自己用勺，学用杯子，开始与成人共同进餐

第四节　各类婴儿辅食

一、米粉

（一）添加婴儿米粉时间

很多父母觉得，既然是米粉，自己用大米磨点米粉不就行了吗？事实上，并非如此。我们之所以选择市售婴儿米粉，原因如下：

市售婴儿米粉是根据宝宝这一时期的营养需求特点配制的，强化了多种矿物质和维生素，尤其是铁、锌等；另外婴儿米粉的主要成分是谷类，满6月龄的宝宝已经具备消化含淀粉类食物的能力，米粉容易被宝宝消化吸收，所以常作为最早添加的辅食之一。

而家庭用大米磨的米粉，由于没有强化多种营养素，营养就会差一些，所以不是宝宝首选辅食。

（二）选择适合的婴儿米粉

市场上，婴儿米粉的品牌和种类很多，一个牌子甚至就有多种味道和品种，让父母们眼花缭乱，不知所措。有位妈妈告诉我为了给宝宝挑选米粉，她买了3个牌子的米粉，并一一尝试，最终挑选了一个口味最好的。建议选择婴儿米粉不妨参考以下原则。

1. 选择不加糖的米粉

市场上很多米粉都添加蔗糖了，这种米粉或许会受宝宝的喜欢，但1岁以内的宝宝尽量进食原味食品，宝宝一旦尝到了"甜头"，就会对甜味食物上瘾，导致宝宝不肯接受没有味道的食物，或干扰母乳喂养、人工喂养。

2. 初次选原味米粉

市场上也有很多米粉是添加了各类食物蔬菜或其他食物成分，对于初次选择米粉，最好还是选择原味米粉。因为刚添加辅食，需要有一个尝试过程，宝宝可能对某些食物不耐受或过敏，尤其是过敏体质的宝宝。如果米粉中其他食物成分太多，一旦宝宝过敏，你就不好判断究竟是哪种食物引起的。

（三）添加婴儿米粉的方式

将米粉加在母乳（或配方奶）中，放到奶瓶里让宝宝喝，这是很多家庭添加米粉的方式。

正确的做法：将米粉用温水或奶调成泥糊状（由稀到稠），用勺子喂，训练宝宝的吞咽能力。一些宝宝正是在训练吞咽和咀嚼能力时由于大人没有用正确的方法添加辅食，使得他没有机会得到适当训练，就很难过渡到成人的饮食模式。

（四）自制家庭米粉

如果宝宝对市售米粉过敏，你可以选择自制的米粉，用大米、糙米或小米磨碎后制作成米粉。大米在抛光的过程中损失了很多矿物质、维生素和膳食纤维，而糙米是没有经过抛光的稻米，营养价值比大米高。同时，糙米对血糖的影响比大米低。你也可以选用小米，小米的营养价值也远高于大米，含有大米中没有的胡萝卜素。

做法：方法可能有多种，其中包括将糙米或小米用粉碎机磨碎后加水煮熟。为了让米粉更有营养，可以在米粉调制过程中，逐步添加自制的瘦肉泥，可选择不容易过敏的猪肉、鸡肉，以及少量的麻油或亚麻籽油等。

如果你选择给宝宝食用自制米粉，要及时引入富含铁的食物，你可以尝试先添加肉泥、鱼泥等含铁丰富的辅食，也可以在宝宝接受米粉之后，引入肉泥，但刚开始一定要从少量开始，做成泥糊状，便于宝宝消化吸收。

米粉要吃多长时间？

很多父母担心8月龄的宝宝不肯再吃米粉，不知道如何办才好。事实上，7～8月龄的宝宝已经可以尝试碎末状食物，可以尝试吃烂面条、米粥，或菜粥，不吃米粉属于正常情况。

虽然米粉吃到多大没有标准答案，但个人认为，米粉只是过渡，吃1～2个月即可，等宝宝能接受碎末状食物以后，就可以停掉米粉，改为适合宝宝的烂面条、宝宝菜粥等。

二、肉泥

最先给宝宝的肉类要容易煮烂，宝宝易消化，如猪肉、鸡肉、鱼肉等，而牛肉对婴幼儿来说不容易消化。

制作方法：

（1）将肉煮烂或蒸熟，也可以使用在高压锅里炖烂。

（2）取适量的熟肉，放入料理机里打碎。

（3）取出肉泥，加少量温水调成糊状。

三、菜泥

最先给宝宝做的蔬菜最好是容易煮熟且含有一定淀粉的根茎类蔬菜，如南瓜、土豆等，随后是其他绿叶菜如嫩青菜、菠菜。

1. 南瓜泥

制作方法：

（1）将南瓜煮熟或蒸熟。

（2）取适量的南瓜放入料理机里打碎，也可以用勺子压碎。

（3）加少量温水调成糊状。

2. 土豆泥

制作方法：

（1）将土豆煮熟或蒸熟。

（2）取适量的土豆放入料理机里打碎，也可以用勺子压碎。

（3）加少量温水调成糊状。

四、果泥

水果种类很多，刚开始可以选择易做成泥状，宝宝容易消化吸收的水果，如香蕉、苹果等，逐步尝试其他水果。

最初给宝宝的辅食最好加热一下，利于宝宝消化吸收。虽然一些水果在加热过程中会破坏其部分营养，但没有关系，等宝宝完全接受了就可以直接吃水果泥了，如果冬天气温比较低，最好将水果泥用微波炉温热一下。

1. 香蕉泥

制作方法：

（1）取适量的香蕉去皮（可以先蒸熟），放入碗里捣碎，或料理机里打碎。

（2）用少量温水调成糊状，也可以不加水直接喂，具体根据宝宝的接受能力。

2. 苹果泥

制作方法：

（1）取适量的苹果去皮去核（可以煮熟），用料理机里打碎，或直接捣碎成泥状。

（2）用少量温水调成糊状，也可以不加水直接喂，具体根据宝宝的接受能力。

五、宝宝菜粥

6月龄以后的宝宝需要及时添加辅食。从食物性状来说，需要从流质的食物如奶类等向半流质过渡。半流质食物能量密度高，另外也能训练宝宝咀嚼和吞咽能力。

7～12月龄宝宝进食的菜粥，包括谷类、肉类和蔬菜等。只要掌握原则，学会搭配，便可以举一反三，做出多种口味的宝宝菜粥。

宝宝菜粥适合7～12月龄的宝宝，也可以作为1岁以后幼儿饮食的一部分，在身体不适或食欲不佳时食用。菜粥变化多样，可以根据当地的食物制作不同口味的菜粥，将肉末换成鱼泥或鸡肉末，选择时令的蔬菜，大米可以换成更有营养的小米等。

7～12月龄宝宝菜粥里需不需要加盐？

宝宝需要钠盐不多，而食物本身含有钠盐，如芹菜、茼蒿含盐较高。宝宝从食物中获得的钠盐已经能够满足自身的需要。另外，宝宝肾脏发育不完善，对钠盐的排泄能力还比较差，额外摄入食盐则会加重宝宝的肾脏负担。

摄入过多的盐分既不利于健康，也容易养成宝宝重口味，增加成年后患高血压等疾病的风险。

1. 胡萝卜青菜肉末粥

原料：胡萝卜（20 ~ 50 克）、青菜（2 ~ 3 棵，25 ~ 50 克）、猪肉（10 ~ 20 克）、大米、麻油和（或）亚麻籽油。

制作方法：

（1）取少量胡萝卜，青菜嫩叶洗净、剁碎，备用。

（2）猪肉剁碎，或者直接买做饺子馅的肉末。

（3）将适量的大米（25 ~ 50 克，根据实际情况调整）淘洗干净后，放入小电饭煲加入适量的水熬煮。

（4）等水开后，加入胡萝卜、肉泥，继续熬煮 10 ~ 15 分钟。

（5）等即将出锅时，加入碎青菜叶，再加热 1 ~ 2 分钟。

（6）出锅前，滴几滴麻油和（或）亚麻籽油。

制作宝宝辅食需注意

初次制作的辅食，要考虑到宝宝的接受能力，不应太稀或太稠，量不要太多。然后再由稀到稠，由少到多。1 岁以内的宝宝最好不加任何调味品，包括盐和糖。有的宝宝一旦吃了含盐的食物，不肯再接受无盐的食品，这种情况也要尽量少放食盐。

2. 胡萝卜黄瓜木耳粥

原料：胡萝卜（20～50克）、黄瓜（25～50克）、黑木耳、猪肉（10～20克）、橄榄油和（或）亚麻籽油，3～5克。

制作方法：

（1）将黑木耳用清水或热水浸泡、发开，然后洗净、剁碎，备用。

（2）取胡萝卜、黄瓜洗净，剁碎，备用。

（3）猪肉剁碎，或者直接买瘦肉末。

（4）将米饭用电饭煲或锅熬成稠粥，备用。也可以取刚蒸熟的米饭，备用。

（5）用植物油如精炼菜籽油将肉末先炒一下，接着放入胡萝卜和黑木耳，炒一会儿，也可放入已剁碎的青菜叶末，接着加入少量的水。最好不放盐，保持原味。如果要放盐也尽量少放。

（6）等水开了之后，取适量煮好的粥放入锅里，再煮3～5分钟。也可以放入蒸熟的米饭，继续加热5～10分钟。加热过程中搅拌均匀，以防煳锅底。

（7）等胡萝卜煮烂，稀稠合适即可。出锅前，滴几滴麻油和（或）亚麻籽油。

六、宝宝面条

适合7～12月龄宝宝进食的面条，包括谷类、肉类和蔬菜等。只要掌握原则，学会搭配，便可以举一反三，做出多种口味的宝宝面条。下面举例说明，父母们不妨参考一下。

1. 胡萝卜青菜肉末面条

原料：胡萝卜（20～50克）、青菜（2～3棵，25～50克）、猪肉（10～20克）、大米、麻油和亚麻籽油。

制作方法：

（1）取少量胡萝卜，青菜嫩叶洗净、剁碎，备用。

（2）猪肉剁碎，或者直接买做饺子馅的肉末。

（3）将适量的细挂面（25～50克，根据实际情况调整）掰碎成1～2厘米长，备用。

（4）等水开后，加入胡萝卜、肉泥、面条，继续加热10～15分钟。

（5）等即将出锅时，加入碎青菜叶，再加热1～2分钟。

（6）出锅前，滴几滴麻油和（或）亚麻籽油。

2. 西红柿木耳肉末面条

原料：西红柿（100克左右）、黑木耳、猪肉（10～20克）、香油和核桃油，3～5克。

制作方法：

（1）将黑木耳用清水或热水浸泡、发开，然后洗净、剁碎，备用。取西红柿洗净、剁碎，备用。猪肉剁碎，或者直接买瘦肉末。

（2）用少量的植物油如精炼菜籽油将肉末先炒一下，接着放入西红柿和黑木耳，炒2～3分钟，接着加入少量的水。最好不放盐，保持原味。

（3）将适量的细挂面（25～50克，根据实际情况调整）掰成1～2厘米长，备用。

（4）等水开了之后，放入面条，再煮一会儿3～5分钟，面条煮烂，软硬适合宝宝。出锅前可以加入少量麻油和（或）亚麻籽油。

菜籽油含单不饱和脂肪酸高，相对稳定，可用来给宝宝炒菜，等面条快出锅时加点香油和（或）核桃油，味道更好。核桃油含有一定的α-亚麻酸，在体内可以转化成DHA，对宝宝大脑发育有利。

七、小米粥

（一）小米的营养价值

小米虽小，营养却高，五谷之一，老少皆宜。小米，古称粟，又叫粱，原产于我国北方黄河流域，约有 8 000 多年的栽培历史。后发展到各地都有不同程度种植，是中国古代的"五谷"之一，也是北方人喜爱的主要粮食之一。

小米中蛋白质和脂肪均高于稻米，其中油脂含量几乎是稻米的 4 倍，而油脂中溶有脂溶性维生素 E。小米最大的特点在于它含维生素和矿物质较高，胡萝卜素高达 100 微克/100 克，而一般小麦、稻米则不含胡萝卜素。与稻米相比，小米中的维生素 B_1 为稻米的 3 倍，维生素 B_2 为稻米的 2 倍，维生素 E 为稻米的 7.9 倍，铁为稻米的 2 倍之多。这些微量营养素在体内具有重要作用，恰恰是现在饮食容易缺乏的。

（二）宝宝什么时候可以喝小米粥？

小米的微量营养素的营养价值远远高于大米，膳食纤维又不太高，与小麦面粉差不多，自然可以作为婴幼儿的食物。在宝宝添加辅食之后，就可以开始尝试小米粉，但需要注意的是，宝宝最初的辅食，必须要含有富含铁的辅食。小米也可以磨成小米粉，做成小米糊。7～12 月龄的宝宝，妈妈也可以制作小米粥给孩子吃。

（三）小米粥的做法

原料：小米 50 克，水 1 000～2 000 毫升。

制作方法：

（1）小米淘洗干净，放入电饭煲或锅里，加水熬煮。

（2）水煮开后，继续熬 30 分钟或以上至浓稠的粥。

宝宝7月龄后可以品尝小米粥

小米的营养价值相对较高，含有胡萝卜素、维生素E、B族维生素以及较多钙、铁等矿物质，可以作为婴幼儿的谷类食物之一，但婴幼儿对营养要求高，不能光靠小米来补钙、补铁，而是需要合理搭配，均衡饮食。

宝宝最初的辅食不推荐小米粥，而是富含铁的米粉，7月龄的宝宝可以逐渐尝试小米粥了，妈妈制作时根据宝宝接受辅食的能力来制作适宜宝宝吃的小米粥。

小米粥若作为主食，应稠一点；如果作为加餐，则可以稀一点。

八、豆制品

6月龄以后的宝宝可以尝试吃点煮熟的豆腐。鉴于营养价值尤其是钙含量问题，最好选择南豆腐或北豆腐，而不是内酯豆腐。我们所说的豆腐，一般指北豆腐，石膏豆腐，就是在做豆腐过程中需要添加石膏，从而使得豆腐中含钙高达117毫克/100克。

九、蜂蜜

蜂蜜具有保健作用，能够预防便秘，有些父母不禁会问：1岁以内的宝宝可以喝蜂蜜吗？

（一）蜂蜜中营养

蜂蜜其主要成分是果糖和葡萄糖，两者合计约占蜂蜜的70%，还有少量的蔗糖和水分占16%～25%；糊精和非糖物质、矿物质、有机酸等含量占5%左右，此外，还含有少量芳香物质、微量元素等。

其实，我们吃蜂蜜主要是吃它的葡萄糖和果糖，其他物质几乎可以忽略不计。然而蜂蜜在酿造、运输过程中，容易受到肉毒杆菌的污染，因为蜜蜂在采花粉过程中有可能把被肉毒杆菌污染的花粉和蜜带回蜂箱。肉毒杆菌芽孢适应能力很强，在100℃的高温下仍然可以存活。

（二）1岁以内的宝宝不能吃蜂蜜

早在20世纪70年代，美国就报道了幼儿园食用蜂蜜导致肉毒杆菌中毒的事件；1980年，美国有97例肉毒毒素中毒的案例，其中22例与食用蜂蜜有关；1986年日本发现1例宝宝患肉毒毒素中毒症，患儿曾饮用蜂蜜；法国某医院曾报道有2例宝宝因食用蜂蜜导致肉毒毒素中毒而死亡。

蜂蜜虽好吃，宝宝要谨慎食用！

由于宝宝胃肠功能较弱，肝脏的解毒功能不够完善，尤其是6月龄以下的宝宝，肉毒杆菌容易在肠道中繁殖并产生毒素，引起中毒。中毒症状常发生于吃完蜂蜜或含有蜂蜜食品后的8～36小时，症状常包括便秘、疲倦、食欲减退。

虽然宝宝发生肉毒杆菌感染的概率很小，但是为了宝宝的安全，1岁以内宝宝应禁止食用"天然蜂蜜"。1岁以上的幼儿喝蜂蜜也要慎重，少食蜂蜜或不食蜂蜜。

第五节 7～12月龄宝宝喂养答疑

一、夜奶究竟要不要断

经常有父母为宝宝断夜奶问题而发愁。有的宝宝3月龄就不吃夜奶了，可以睡整夜；而有的宝宝 8 个多月了，每晚上还要吃 1 ~ 2 次夜奶；有少数 2 岁多的宝宝晚上还要吃好几次夜奶。

宝宝什么时候开始断夜奶？或许没有标准答案，根据 2009 年《中华儿科杂志》发表的《婴幼儿喂养建议》："4 ~ 6 月龄后夜间应不再进食，以便引入其他食物培养良好进食与睡眠习惯。"言外之意，4 ~ 6 月龄宝宝可以逐步断夜奶了。

当然，断夜奶需要一个过程。妈妈可以通过减少喂奶次数，或逐步推迟喂奶时间点达到这个目的。

通常情况，最好先断了后半夜的夜奶（0：00 ~ 凌晨 4：00）。而在这个时间点之前，让宝宝吃饱有良好的睡眠。如果当中宝宝醒来了需要喂奶，可以逐步把时间往后延迟，每日、每次延迟 30 分钟左右，直至达到喂奶的理想时间。

当然，也有很多父母会觉得断夜奶是件麻烦事，加上宝宝哭闹，更容易让父母放弃这个念头。但是，无论如何还是最好找到适合宝宝断夜奶方法，逐步解决夜奶的问题。

很多母乳喂养的宝宝，即使在 4 月龄以后有时候也会频繁地吃夜奶。究其原因是妈妈听到宝宝哭就赶紧喂奶，不管宝宝是不是真的饿了，还是需要乳房的安抚。纠正不必要的夜奶，既可以避免过度喂养，对宝宝养成良好的睡眠习惯也是很有裨益的。

当然，也有例外的情况，如果在某个时间段，宝宝白天出现明显的厌奶，只吃迷糊奶，这个时候可以根据具体情况适当增加夜奶次数。还有宝宝生病，或特殊的需要，可以适当增加夜奶的次数。

但总的来说，还是让 4 月龄以后的宝宝逐步断后半夜奶，养成良好的睡眠习惯。部分母乳喂养的宝宝夜奶吃到 1 岁多，可能更多的是寻求安慰，其中利弊众说纷纭，妈妈可根据养育的实际情况看待夜奶这个问题。

二、不肯接受辅食怎么办

宝宝不肯吃辅食的原因有很多：

原因1.辅食添加过早 足月健康出生的宝宝，无论是母乳喂养、混合喂养还是人工喂养，一般满6月龄添加辅食也不迟。然而，现实生活中，宝宝一到4月龄，很多父母就急急地开始加辅食，也不管孩子是否已经有了接受辅食的能力。部分4月龄的宝宝确实已经能够吃辅食了，但还有一部分宝宝在4月龄时并不具备吃辅食的能力。过早添加辅食，宝宝当然不愿意吃，这时宝宝的抬舌反射尚未消失，一吃就会吐，这也是他自我保护的一种能力。

原因2.父母耐心不够 还有一种情况，宝宝虽然已经满6月龄了，可还不愿意吃辅食，或者只吃某一种辅食。调查发现，部分父母仅喂过1～2次该辅食，宝宝不吃就认为宝宝不肯吃辅食。

宝宝吃辅食，同样需要有个学习、训练过程，有时候接受一种新的辅食，需要多次尝试，甚至10～15次。所以，这就需要父母有足够的耐心，让宝宝有足够的时间去学习接受辅食。

原因3.宝宝开始贪玩 宝宝到了一定的月龄，就变得贪玩了，对外界事物非常感兴趣，对吃饭就不专心了，导致奶量下降，辅食也不怎么吃，父母着急得如热锅上的蚂蚁。其实，很多宝宝都出现过这种情况。面临这种情况，父母还是要冷静。只要宝宝精神好，没有其他异常，就提示宝宝没有生病，只是贪玩了。

但需要注意的是，在这个时期还是首要先保证奶量充足，辅食少一点也没有关系。有的宝宝睡前开始饿了，这个时候则是喂宝宝的好时机。引入的辅食也可以选择营养密度高的食物如米粉、肉类、鱼类、蛋黄等，以便让宝宝获得更多的营养。不过，最终还是要逐步让宝宝养成良好的进食规律和习惯。

宝宝腹泻需要停辅食吗?

腹泻原因很多,有感染性腹泻,如病毒或细菌感染;还有非感染性腹泻,如食物过敏。所以,要找到原因,才能对症下药。对于感染性腹泻,一般情况下,腹泻症状不明显或症状较轻,可以继续添加辅食,但是辅食最好选择容易消化吸收的,如米粉、粥类、鱼类等,不能太油腻。只有症状严重的情况下,才考虑停止辅食,或改用特殊营养制剂进行营养支持。

三、如何判断宝宝生长是否达标

只要我在微博里谈到宝宝胖瘦的问题,很多妈妈就开始热烈地评论或咨询。大多数妈妈们都为宝宝太"瘦"而发愁。

其实,按照标准,多数宝宝的体重在正常范围。为什么妈妈为宝宝的体重愁眉不展呢?我想更多的是父母对孩子生长发育的误解。

一方面,是体检的医生告诉你宝宝体重偏轻。在妈妈们眼里,宝宝的体重达到平均值以上才算合格,达不到就是不达标。

另一方面,妈妈们相互比较,与本来已经肥胖的宝宝比,总觉得自己的孩子太瘦,其实宝宝标准体重有个范围,在一定范围内都是正常的。每个宝宝的体重不可能同时在一个水平,但是不在正常值范围里就可能有问题了

评估宝宝生长发育科学的方法是参照动态生长发育曲线图来观察宝宝的身高、体重等是否处于正常范围。父母参考的标准有两种,一个是世界卫生组织于2006年4月发布的《国际儿童生长发育标准》,另一个是2009年国家卫生部对外发布的《中国7岁以下儿童生长发育参照标准》。

以世界卫生组织有关0～2岁男孩生长曲线图为例进行说明,图2-1。

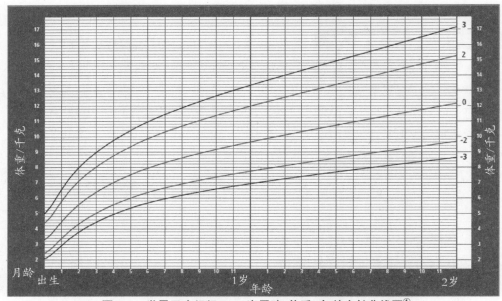

图2-1 世界卫生组织 0～2岁男孩 体重-年龄生长曲线图①

以体重年龄生长曲线图为例，底轴（x轴）代表宝宝的月（年）龄，左侧（y轴）代表宝宝体重。画点时，在图表下方找到代表宝宝年龄的标记，向上找到对应宝宝体重的那条水平线。在交点位置，用笔做一个记号。

一般来说，儿童生长指标在上下曲线之间都属正常，接近中间曲线则为中等水平。但是，别光从"点"上判断宝宝的生长情况，而应动态观察其发育水平，数据要有连续性。1岁前每3个月测一次身高、体重、头围；1～3岁每6个月测1次；3～7岁每半年到1年测1次，然后把每次的数值连成一条曲线。只要这条线在正常范围内，且与参考曲线呈大约平行的状态，那么宝宝的发育就是比较正常的。

另外，用生长曲线来判断是否消瘦，不能光看体重图，还要看身高图。如果体重增长了，身高也升高在同样的位置，那就没问题。如果体重偏高，但身高在

① 生长曲线图可于 http://www.orphannutrition.org/chinese/ 下载 ——编者注

中等水平，可能就偏胖了。

自测的方法只是一种基本观察，父母毕竟不是医生，若怀疑宝宝体重可能超出正常，还是要到正规医院做进一步检查。

第六节　宝宝常见病预防与饮食安排

一、过敏的宝宝怎么吃

很多父母都为宝宝湿疹或其他过敏症状而犯愁。通常所说的湿疹，其实只是过敏的一种皮肤症状。过敏已经成为一个值得高度关注的问题。

世界卫生组织指出，过敏是全球第 6 大疾病，约 20% 的人群深受过敏的困扰。全球大约有 1.5 亿人患有哮喘。在特应性皮炎里（俗称"湿疹"），2 岁以下儿童发病率高达 30%。据报道，美国特应性皮炎年医疗费用高达 3.6 亿美元。

在过敏患者中，食物过敏困扰着全球 2.2 ～ 5.2 亿人。婴儿期的过敏多与食物有关系，其中牛奶蛋白导致的过敏比较常见。发病率在 2% ～ 5% 不等，而母乳喂养儿也会发生牛奶蛋白过敏，这是因为哺乳妈妈吃了含牛奶制品的食物，进而影响到了宝宝。

宝宝有湿疹现象，最好到医院就诊，以便确定过敏原以及对症处理。对于母乳喂养的宝宝，妈妈则需要回避可能导致宝宝过敏的食物。容易引起宝宝过敏的食物通常为牛奶蛋白、鸡蛋、鱼虾等。最先回避牛奶、鸡蛋，其他可以继续吃，观察 2 ～ 4 周，如果宝宝的症状有所改善则继续回避 3 个月甚至 6 个月以上。如果没有改善，则恢复这类饮食，再回避其他可能导致宝宝过敏的食物，直至找到过敏原，回避过敏原。当然，对于重度过敏症状需要到医院就诊，在医生指导下进行治疗。

　　人工喂养的宝宝，出现过敏，确诊牛奶蛋白过敏后，首先是将奶粉换成适度水解奶粉或深度水解奶粉，过敏严重的要选用氨基酸奶粉。对于牛奶蛋白过敏症状较轻的宝宝，如果宝宝吃合适奶粉不过敏了，就无需选用适度水解奶粉，如果继续过敏则考虑选择深度水解奶粉，如果深度水解奶粉仍然引起过敏则考虑选用氨基酸奶粉，当然对于过敏症状明显的宝宝也可以直接选用氨基酸奶粉。

　　氨基酸奶粉就是将奶粉里的牛奶蛋白完全水解成氨基酸，就不含有抗原了。如果吃氨基酸奶粉宝宝仍然过敏，则要考虑可能是其他因素导致的过敏。

　　对于混合喂养的宝宝，出现过敏。可能是奶粉导致的过敏。奶粉喂养那部分则同样需要考虑选用适度水解奶粉或深度水解奶粉，甚至氨基酸奶粉。

　　提醒：辅食也可能会导致宝宝过敏。添加新的辅食时，需要密切观察宝宝的反应，有无过敏症状，如全身湿疹，嘴唇发红或肿，便血或便秘等，一旦确定某类辅食导致宝宝过敏，就要回避该类辅食，3个月以后再尝试，如果还是引起过敏则继续回避。

二、发热的宝宝怎么吃

　　很多人认为宝宝感冒发热要尽量少吃食物，不能吃荤。这种做法显然不恰当。

　　（1）宝宝需要高热量饮食。患儿因较长时间高热，体力消耗严重，故应提供充足能量，尤其注意摄入优质蛋白质，如瘦肉、鱼、虾、蛋、奶，只要不过敏，都能进食。0～1岁宝宝应喂养充足的母乳或配方奶粉，已经接受辅食的宝宝还需要摄入足够的辅食。

　　（2）多供给新鲜蔬菜或水果。对于6月龄以上的宝宝，可继续食用新鲜蔬菜或水果，以补充矿物质。蔬菜以深色为佳，如菠菜、青菜叶、西红柿等。给予含铁丰富食物，如猪肉、鸭肉、鸡肉类等；还要注意摄入充足的奶类。饮食方案需要具体结合宝宝的月龄，同时又有利于宝宝消化吸收。

6 月龄以上的婴幼儿需要注意食物的选择：

（1）发热期应以低盐少油、清淡半流质的食物或软食为好，少量多餐。饮食相对清淡不过于油腻，容易消化吸收。

（2）食物上应禁忌坚硬及含纤维高（如韭菜、芹菜）、有刺激性的食物。不吃生的大葱、洋葱、大蒜等刺激性食物，以免加重咳嗽、气喘等症状。

（3）水果选择也应多样性，常见的水果如苹果、梨、橘子等都可以。不必以梨为宠。水果能否生吃，应根据宝宝个体情况，冬天可将水果温热。

（4）用排骨、鸡肉、鱼等炖汤也是美食之一，但重点在于吃汤里的肉，喝汤为辅。汤可以让宝宝享受美味的同时，又补充水分，但汤中没什么营养，营养多还在炖汤的肉类里。

提醒：宝宝发热时，要注意保证水分充足供给。对于病情较重或存在营养不良的患儿，应及时咨询医生或营养师，制订个体化营养支持方案。

三、腹泻的宝宝怎么吃

6 月龄以上的宝宝，除了选用无乳糖奶粉之外，根据病情必要时也可尝试进食粥或烂面条。鼓励患儿多进食，每日加餐 1 次，直至腹泻停止后 2 周。开始进食后，粪便量有所增加，可通过补液弥补丢失的水分，只要患儿有食欲，仍可继续喂养。

严重感染时会损伤肠黏膜，造成继发性乳糖酶缺乏。这时宝宝若继续喂食含有乳糖奶粉时，会加重腹泻。所以严重腹泻的婴幼儿在刚恢复进食的初期，最好改用无乳糖奶粉。腹泻停止后继续给予营养丰富的饮食，必要时每日加餐 1 次，持续 2 周。营养不良或慢性腹泻的患儿恢复期较长，何时进食水果和蔬菜需要咨询医生。

如果腹泻明显加重，又引起较重脱水或腹胀，则应立即减少或暂停饮食。对于病情严重不能进食的宝宝，需要在专业医师或临床营养医师综合评估后考虑是否需要使用肠内营养制剂或转为肠外营养。

> 提醒：对于个别呕吐严重不能进食或腹胀明显的患儿暂时禁食4～6小时（不禁水），具体由医生决定。病情好转后仍需鼓励患儿进食，按流食、半流食顺序逐步增加进食，过渡到正常的饮食。

第三章

13～36月龄幼儿的饮食安排

已经1岁了，宝宝却还是喜欢喝奶，不喜欢吃饭！

是否延迟了辅食添加，或者添加方法不对？

老人喜欢将食物打碎，然后让宝宝用奶瓶喝。

用奶瓶"饮"食，宝宝的咀嚼能力得不到锻炼，影响宝宝的饮食结构调整，因此不能很好地过渡到进食固体食物。

那该怎么做？

逐步降低奶量，循序渐进地改变食物的性状。

★辅食添加程序：

流质食物→泥状食物→末状食物→碎食物→块状食物

婴儿米粉　　粥　　烂面条、软饭

第一节 13~24月龄宝宝的营养哪里来

一、让宝宝顺利实现饮食模式过渡

有妈妈向我求助："宝宝 1 岁了，还是爱吃母乳，主食吃得不多，有什么办法能让宝宝喜欢吃饭？"然而，当我问及宝宝的身高、体重等情况时，这位妈妈说宝宝发育没有任何问题，精神非常好，体检都正常。

当宝宝满 1 岁以后，他的日常饮食方式和结构逐步开始有所调整。当然，有的宝宝在 1 岁时，已经以三餐为主了，有的宝宝因为还贪念妈妈的母乳或配方奶而不肯吃饭。因此，让宝宝顺利完成饮食模式的过渡显得很有必要。

对于在这月龄还以母乳或配方奶为主，以三餐为辅的宝宝，要想实现饮食顺利过渡有一个过程，家长不必过于着急。有的宝宝在 1 岁半时，才顺利过渡到三餐为主，奶类为辅。

在过渡过程中，需要家长不断尝试，让他有个学习和适应的过程，家长一定要有足够的耐心和毅力。

有的家庭，尤其是以祖辈为主要养育人的，为了省事，添加辅食时将所有食物全部打碎调成糊状，让宝宝用奶瓶喝，不训练宝宝的咀嚼能力。这种看似方便又省事的做法，容易导致宝宝进食固体食物困难，影响他饮食结构过渡。

在宝宝饮食结构过渡的过程中，食物的性状也需要跟着改变，逐步降低奶量，科学安排宝宝的三餐，但也并不是说，宝宝接受主食，就不用喝奶了，每日奶量还是要有保证，才能让宝宝获得丰富的钙、蛋白质等营养素。宝宝吃得科学营养，才能健康茁壮成长。

二、13~24月龄宝宝一日三餐安排

（一）饮食总能量

相信很多家长尤其是妈妈会为如何给 13 ~ 24 月龄的宝宝安排饮食而发愁。如何解决这个问题，就要先了解"3W 原则"，宝宝到底该吃什么（What），什么时候（When）吃，吃多少（How）。

宝宝性别不同、年龄不同、活动量不同决定每个宝宝一日所需的总热量也不同。妈妈要根据自家宝宝的情况制订个体化的饮食方案，才能避免让宝宝吃得过多或过少。通常情况下，宝宝也有自我调控能力，吃饱就不再吃了，饿了会主动发出信号。有条件的家庭也可以经常咨询营养师，以获得专业的指导。

（二）奶类总量

在这个月龄能继续母乳喂养的则应继续母乳喂养，每天可喂 3 ~ 4 次，母乳量约 600 毫升 / 日，有条件的最好能母乳喂养持续至宝宝 2 岁以后，让宝宝自然离乳。不能母乳喂养的，则最好选择幼儿配方奶 400 ~ 600 毫升 / 日。

如果母乳确实不多，可适量增加配方奶粉，母乳和配方奶的总奶量为 400 ~ 600 毫升。当然，1 岁以后的宝宝，在饮食均衡的情况也可以选择鲜奶、纯奶等其他奶类制品，这些奶品大约可以安排 350 ~ 400 毫升 / 日。

提醒：由于对牛奶过敏或其他原因不肯进食奶类的宝宝，需要通过其他途径补充优质蛋白质和钙。

（三）主食

从婴儿期到幼儿期，主食的品种越来越丰富。主食为谷类食物，主要有大米、小麦面粉、小米等。妈妈可以将它们烹制成米饭、馒头、面条、粥类……你也可以每天安排少量的薯类，包括土豆、红薯、山药……但这类食物含淀粉，蛋白质

含量较低，所以不宜给宝宝吃太多。

(四) 蔬菜、水果

　　丰富的蔬菜、水果对宝宝的健康也是有利的。这时候蔬菜和水果量可以增至各 150 克 / 日。尤其是对于那些患有功能性便秘的宝宝更要注意摄入蔬菜和水果。

(五) 蛋类、鱼虾、瘦禽畜肉

　　每日蛋类、鱼虾、瘦禽畜肉总量加起来在 100 克左右。瘦禽畜肉可以为 25 ~ 50 克，每日或隔日 1 个鸡蛋，或等量其他蛋类，鱼虾平均每日 25 ~ 50 克。

(六) 油

　　大脑及神经系统的发育除需要蛋白质外，还需要不饱和脂肪酸及磷脂，所以宝宝应摄入足够的脂肪以满足不饱和脂肪酸和磷脂的需要。目前，市场上食用油的种类很多，大豆油、色拉油、橄榄油、麻油、亚麻籽油、紫苏籽油……选择什么样烹调油对宝宝成长更有利，事实上，没有一种植物油是完美的，各有优缺点。你可以选择调和油或者同时用几种油自己"调和"。

(七) 调料

　　盐 1 ~ 3 克 / 日。其实，13 ~ 24 月龄的宝宝从天然食物那里可以获得足够的钠，不用吃额外加盐的食物，但实际生活中不给 12 月龄以上宝宝吃盐很难做到。在我国，高血压等疾病发病率高，这和平时饮食习惯有很大关系，预防慢性病应从婴幼儿期开始，从小养成清淡口味，减少食盐的摄入有利于预防高血压。此外，尽量不要给这个阶段的宝宝吃辛辣刺激性食物如辣椒、花椒等。

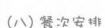

（八）餐次安排

可以逐步培养宝宝的饮食规律，让宝宝养成良好的饮食习惯，定时、定量有规律的进餐。每日 6 ~ 7 餐，即主餐 3 次，早上、上午、下午两主餐之间可以进食奶类、水果、面食类作为加餐，睡前也可以再喝少量奶。尽量避免甜食及饮料，以及不健康的零食。

第二节　13~24月龄宝宝的饮食如何安排

一、主食的选择和烹制

主食主要包括各类谷物，品种较多，如烂米饭、米粥、八宝粥、面条、面包、花卷、饺子、包子、馄饨……幼儿的小乳牙刚刚长出，因此主食烹制要软、烂，不能太硬，成末状或小块状，逐步向成人饮食过渡。

（一）主食花样多

宝宝的主食花样要多，经常变化主食的种类和形状，让宝宝尝试粥、面条、小馄饨、蛋糕、面包等。

（二）少量全谷类或粗粮

13 ~ 24 月龄的宝宝能否吃粗粮？根据《中国居民膳食指南》建议：幼儿不宜经常吃粗粮，这里指的粗粮主要是整粒的粗粮，对于宝宝来说不太好消化，且粗粮中含有较多膳食纤维，会影响铁、锌等营养素吸收。

但家长可以合理利用全谷类或少量的粗粮混合制作成各种主食，如小米粥、二米饭（小米和大米饭），这样的主食其营养价值比单一的白米饭高，同样容易消化吸收。

二、蛋类、肉类、鱼虾类的烹制

（一）蛋类

每日或隔日 1 个鸡蛋，或等量其他蛋类。可以做成西红柿炒鸡蛋、紫菜蛋汤、虾仁蒸蛋或肉末蒸蛋等。

（二）瘦肉

瘦肉是铁、锌、蛋白质等营养素的来源，每日平均25 ~ 50克。营养再好也不应过量，尤其是红肉，饱和脂肪长期摄入过多，容易发生超重或肥胖。对于那些偏食的宝宝，可以适量增减荤菜的摄入。你可以将肉与菜一起做成饺子馅，给宝宝包饺子或做成其他有馅的食物。

有的宝宝不爱吃瘦肉，而喜欢吃肥肉，原因是瘦肉容易塞牙，所以为了让宝宝更容易消化肉类，你可以将肉用高压锅煮烂，或者做成嫩肉丸子。

（三）鱼虾

平均每日25克，最好每周有1 ~ 2次海鱼（受汞污染风险小的海鱼如三文鱼等），可以获取较多的 DHA。尽量选择刺少的鱼，如鲈鱼、黑鱼等，也可以做成鱼丸等。

有家长喜欢用肉或鱼给宝宝炖汤，认为汤里很有营养，其实，食物营养主要还是保留在肉里面，宝宝可以喝点美味的荤汤，但更要注意肉类的摄入，不能仅仅只喝汤不吃肉。宝宝饮食中汤里的油不要太多，最好去掉表层的油，否则容易造成能量过剩或消化不良，同时注意清淡少盐。此外，沿海地区可以适量摄入富含锌的海鲜贝类如扇贝肉等。

提示：如果宝宝对鱼虾、海鲜类食物过敏，就要回避该类食物，从其他食物中获得相应的营养素。

三、蔬菜的选择和烹制

(一) 如何挑选宝宝爱吃的蔬菜

13 ~ 24 月龄的宝宝，胃肠道的消化能力还不如成人，尤其对纤维比较多的蔬菜不容易嚼碎和消化。因此，给宝宝挑选合适的蔬菜非常重要。

比如韭菜、芹菜、黄豆芽等这类含纤维素较多或颗粒较大的蔬菜，宝宝就不容易消化。而嫩叶菜、菠菜叶、青菜叶、胡萝卜、笋瓜、西红柿等蔬菜，营养价值高又较容易消化。蔬菜选择尽量做到多样性，让宝宝品尝各种蔬菜，即使大便中有少量蔬菜残渣也是没有关系的。

(二) 宝宝不喜欢吃蔬菜怎么办

对不喜欢吃蔬菜的宝宝，可以将蔬菜剁碎，包成饺子或做成肉丸子。多多引导宝宝，让宝宝有个适应的过程，一般都会逐步接受蔬菜。

(三) 打成蔬菜汁不是个好办法

有的家长为了让宝宝能够更好消化蔬菜中的营养，把蔬菜打成蔬菜汁给宝宝喝。我并不建议家长经常采用这样的方法给宝宝"吃"蔬菜，13 ~ 24 月龄的宝宝进食也需要学习和适应固体食物。如果还是像婴儿期那样将所有食物打碎成汁，宝宝的咀嚼和吞咽能力得不到训练，他就更不容易接受蔬菜类的固体食物。当然，偶尔喝点果蔬汁也未尝不可。

（四）只喜欢几种蔬菜会不会营养不良

有的宝宝只喜欢吃某几种蔬菜，不肯接受新的蔬菜。这种情况，家长别着急，只要宝宝有几种喜欢吃的蔬菜，尤其是营养丰富的深绿色蔬菜，一定程度上也能满足宝宝生长发育的需要。

如果宝宝几乎不吃蔬菜，而且持续时间较长，可以在营养师指导下给宝宝补充复合维生素，或者选择高营养素的特殊配方奶粉。

（五）蔬菜烹制时需要注意什么

这个月龄的宝宝还不能完全吃成人饮食，因此在菜肴的烹制方式上妈妈也要注意。蔬菜可以采用炒、煮、炖相结合，蔬菜切得碎一点，烹制得烂一点，有利于宝宝消化。口味清淡，也不要太油腻。

四、科学吃水果更营养

宝宝每日可以吃 100 ~ 150 克水果，相当于一个中等大小的苹果的重量。可以分成 2 次吃，水果也不能贪吃，有的水果比较酸，如橘子、葡萄等对乳牙不好，吃太多甜分太高的水果也可能导致龋齿。

（一）宝宝应该吃什么样的水果

水果选择可以多样化，苹果、香蕉、桃子、橘子、无籽葡萄、火龙果、猕猴桃等。每日可以安排 1 ~ 2 个品种，不同水果含有的营养素有差别，经常变换水果品种，才有利于营养均衡。

（二）水果也可以变花样

可以将部分水果加入酸奶中，也可以将苹果、梨等煮着吃，或做成水果羹，如苹果羹。偶尔也可以做出特色的水果菜肴，如拔丝香蕉。

五、好吃又营养的豆制品

豆制品深受很多家庭欢迎，有家长不禁要问：宝宝什么时候可以吃豆制品？给宝宝选择吃什么样的豆制品好呢？

其实，满 6 月龄的婴儿就可以尝试豆制品了，对于 1 岁以后的宝宝更没有问题，宝宝消化豆腐是没有问题的。豆腐是豆制品中较适合宝宝的理想食物。

豆腐可以分为南豆腐和北豆腐。北豆腐口感会老一点，而南豆腐口感嫩一点，也比北豆腐香，这两类豆腐都含有丰富的钙质。除此之外，还有内酯豆腐、豆腐干等。

由于制作工艺不同，含钙量也各不相同，其中内酯豆腐含钙较低。因此，最好给宝宝选择含钙丰富的北豆腐。北豆腐含蛋白质丰富，且北豆腐中的蛋白质可以和主食的蛋白质互补，提高蛋白质的利用率。

这个年龄段的宝宝不适合进食太多豆浆，原因是豆浆中的营养比较低（25克大豆就能做成 800 毫升豆浆）。另外，较为坚硬的腐竹、豆腐皮、豆腐干、整粒的黄豆、黄豆芽及毛豆也不太适合这个年龄段的幼儿。

13 ~ 24 月龄宝宝平均每日可以吃 50 克左右豆腐。有的宝宝不愿意吃，也不要强迫他，吃其他食物也能达到营养均衡。

六、13~24月龄宝宝食谱举例

（一）13 ~ 24 月龄宝宝每日食物种类（表 3-1）

表3-1　13~24月龄宝宝每日食物种类

食物	食物分配
奶类	母乳600毫升（3~4次/日）、或幼儿配方奶400~600毫升、或液态奶350毫升
主食（生重）	米、面100~125克
荤菜	鸡蛋、瘦猪肉、鱼虾100克

（续表）

食物	食物分配
蔬菜	100~150克
水果	100~150克
植物油	10~15克

（二）13～24月龄宝宝一周食谱参考（表3-2）

表3-2 13~24月龄宝宝一周食谱参考

星期	加餐	早餐	加餐	中餐	加餐	晚餐	加餐
周一	奶类	蒸蛋 南瓜小米粥	糕点 奶类	烂米饭 肉末烧豆腐 西红柿炒蛋	苹果 酸奶	肉末青菜面条	奶类
周二	奶类	猪肉香菇馄饨	蛋糕 奶类	烂米饭 烩肉末 蒸南瓜	香蕉 奶类	小米白米饭 清蒸鲈鱼 西兰花泥	奶类
周三	奶类	肉末蒸蛋 红薯白米粥	香蕉 酸奶	西红柿肉末面条	猕猴桃 奶类	白菜肉水饺 豆腐脑	奶类
周四	奶类	五彩花卷 西红柿炒鸡蛋	火龙果 奶类	五谷粥 青菜烩鱼丸	草莓奶昔	肉末菜小米粥	奶类
周五	奶类	鸭蛋黄 红薯小米粥	蛋糕 奶类	烂米饭 肉末豆腐胡萝卜羹	牛油果 奶昔	鸡蛋菠菜面条	奶类
周六	奶类	银鱼菜末粥	饼干 酸奶	烂米饭 卤鸡胗 烧土豆	香蕉奶昔	西红柿炒鸡蛋拌饭	奶类
周日	奶类	五谷粥 五香鹌鹑蛋	桃子 奶类	虾肉香菇馄饨	面包	鸡肉菠菜面	奶类

第三节 13~24月龄宝宝喂养答疑

一、12月龄后还能继续母乳喂养吗

宝宝 12 月龄以后，要不要继续母乳喂养呢？这让很多妈妈左右为难。

（一）人们对母乳喂养的 2 个根深蒂固的偏见

1. 6 月龄后，母乳就没什么营养了

大量研究表明，无论宝宝多大，母乳都会提供丰富的营养，只是 6 月龄以后的母乳不能满足宝宝快速生长发育的营养需求，因此，要及时添加婴儿辅食。

宝宝自身的免疫系统要到 6 岁左右才健全，母乳中富含免疫活性物质，在这之前，长期母乳喂养，可以为宝宝建立起一道天然的免疫屏障，能够有效地预防诸多疾病的侵袭。研究显示，12 月龄后还吃母乳的宝宝比人工喂养的同龄孩子不容易生病。对于那些过敏体质的婴儿（如牛奶蛋白过敏），更应该母乳喂养至 12 月龄以上。

2. 不断奶，宝宝就不好好吃饭

这样的说法并没有科学依据。从母乳喂养到辅食添加再过渡到成人饮食模式需有个过程，这个过程需要家长的恰当引导。无论是母乳喂养还是人工喂养，都需要逐步改变宝宝的饮食模式，最终成功过渡。

有的宝宝确实依恋母乳或配方奶。一般情况下，继续母乳喂养或人工喂养，并不影响宝宝正常的进食。只有极少数宝宝由于过分依恋母乳而影响正餐摄入，甚至影响他的生长发育，可以考虑断母乳，让宝宝学习进食正餐。这也可能是由于家长辅食添加不当造成宝宝过于依恋母乳或配方奶。

（二）继续母乳喂养的好处

母乳喂养是传统的喂养方式，也是对宝宝健康最有利的喂养方式。国际卫生组织、国际母乳会等权威机构，呼吁全球的母亲将母乳喂养至少坚持到宝宝12月龄，有条件可达24月龄以上。

现在很多国家鼓励母亲们延长母乳喂养时间，因为母乳喂养不仅能增强宝宝自身体抗力，还能让宝宝时刻感受到母爱和安全感，这对宝宝的心理发育有很大的影响。有助于促进母子间的情感，增强母子间的依恋关系，建立宝宝的安全感。

长期的母乳喂养还有许多其他好处，比如有利于幼儿口腔的发育、从而提高语言能力；母乳中独特的生长激素促进宝宝大脑的发育，另外也有利于母亲自身的健康。只要妈妈有母乳，又有条件继续母乳喂养，就可以坚持，你只需要注意的是母乳喂养满6个月以后同时添加其他食物，以保证宝宝生长所需的营养。当然，如果有母乳禁忌的只能断母乳了。

（三）宝宝断奶时间表

对于这个问题，没有标准统一的答案，什么时候给宝宝断奶，是每对母子根据自己的具体情况而做出来的决定。具体断奶时间还要看宝宝的成长情况，最好等到宝宝自动脱离对母乳的需要。断奶应循序渐进，自然过渡，最应避免的是突然断奶。

二、断母乳后不愿吃奶粉怎么办

《中国居民膳食指南》里有关"中国婴幼儿及学龄前儿童膳食指南"建议：不能继续母乳喂养的幼儿，应首选配方奶粉，而不是普通液态奶、成人奶粉或大豆蛋白粉。

其中指出，1岁以后幼儿的主要营养素来源基本上不再依赖母乳供给，因此，婴幼儿配方奶粉是帮助婴幼儿顺利实现从母乳向普通膳食过渡的理想食物，是确保婴幼儿在膳食过渡期间获得良好营养。配方奶强化了铁、锌、维生素A、维生素D等多种矿物质和维生素，更适合这个时候的宝宝，但有些宝宝因为各种各样的原因，而不愿接受配方奶。

1. 贪恋母乳的味道

这是母乳宝宝拒绝奶粉最普遍的现象。从宝宝的角度来说，妈妈的奶又香又甜，还带着妈妈的味道，温度又是适宜的，宝宝肯定不乐意放弃母乳去接受奶粉。当宝宝出现不吃奶粉时，你也不要着急，更不要强迫宝宝，否则适得其反，加剧宝宝的厌食感。可以尝试选择接近母乳的配方奶，让宝宝愿意接受配方奶。

2. 不喜欢吃奶嘴

由母乳亲喂转变为奶瓶喂养，大多数的母乳宝宝都会出现不愿接受奶嘴的情况，让宝宝接受奶嘴确实是一件困难的事情。对于1岁以上的宝宝，完全可以不用奶瓶喝奶了，可以学会用杯子或勺喝奶。

3. 辅食重口味

宝宝过早地接触到含糖、盐等口味的食品，喜欢和大人一起吃饭的宝宝或许不喜欢奶粉的味道。

对于不肯接受配方奶的宝宝，如果能继续母乳喂养可以继续母乳喂养，不要急着断母乳。

如果已经断母乳的，宝宝愿意喝鲜奶或纯奶，可以选择稀释过的纯奶、鲜奶或不加糖的纯酸奶等奶品，来满足宝宝生长发育对钙和其他营养元素的需求。

三、宝宝不肯吃饭只爱喝奶

有家长向我"诉苦"：宝宝13月龄，发育得不错，仍然爱吃母乳，就是不怎么爱吃主食。

通过我详细了解，发现宝宝每日吃 4 ~ 5 次母乳，家长也保证了三餐主食，但由于早上醒来就要吃母乳，早餐就吃得不多了，中餐、晚餐吃得也可以，一天还有 2 次加餐。宝宝每日从食物中摄入的总能量已经能够满足身体发育所需要的了。

但是，在家长看来，宝宝 1 岁以后，就应该吃好三餐，不应再依恋母乳。甚至有的家长认为宝宝不好好吃饭是母乳或奶粉导致的。

在临床上，我常遇到因为宝宝不肯吃饭只爱喝奶而发愁的家长。其实，满 12 月龄的宝宝如果仍然以奶为主，饭为辅，只要他的生长发育在正常标准里也是可以的。通常，大部分宝宝都能在 18 月龄左右顺利过渡到以三餐为主，奶为辅（每日仍然要保证配方奶奶量在 500 ~ 600 毫升或鲜奶奶量在 350 毫升以上）。

有妈妈说，宝宝早上喝完母乳或配方奶之后就不吃主食，是不是应该断掉早餐奶。其实，没有必要，只需要注意加餐的食物安排即可，你可以准备一些含有碳水化合物的糕点等。

不是只有米饭或馒头等才算宝宝的主食，奶类也是宝宝日常的食物之一，三餐喝奶也是可以的，只要妈妈注意合理安排，逐步改变宝宝的饮食结构，养成科学的进食习惯。

提醒：随着宝宝年龄增长，如果长时间过分依赖奶类，进食过多的奶类可能会导致宝宝能量过剩出现超重或肥胖的问题。

四、宝宝能喝甜饮料吗

很多宝宝在品尝了甜饮料的"甜头"后，就很难摆脱它的诱惑，甜饮料的危害你知道多少呢？

（一）甜饮料的危害

（1）宝宝喝过多的甜饮料会额外摄入多余的能量、引起宝宝体重的变化，过多的甜饮料就等同于过多的糖分摄入，导致婴幼儿肥胖症的发生。

（2）宝宝喝多了甜饮料也会引起龋齿。可能是因为甜饮料增加宝宝体内钙流失，导致牙齿变得脆弱，加剧龋齿的发生。

（3）偏爱甜饮料的宝宝可能会有食欲不佳的问题，喝过多的甜饮料会影响宝宝的食欲，减少正常食物的摄入，影响营养素的摄入。尤其是蛋白质的摄入量会受到较大影响，影响宝宝的身体健康和正常生长发育。

（4）甜饮料还会加速骨钙流失，宝宝钙流失除了影响生长，严重的还会导致宝宝骨质疏松、甚至骨折，甜饮料和降低骨质密度有明显的联系。希望能够引起家长朋友们的重视，不要让小小的坏习惯让宝宝受到伤害。

（5）在有关甜饮料的研究中，多项研究成果显示：甜饮料与肾结石及尿道结石风险有显著的相关性，甜饮料降低了钙和钾的摄入量，增加了蔗糖的摄入量可能是引起肾结石风险增加的重要因素。

（6）过多摄入含糖饮料会增加脂肪肝患病风险。甜饮料中除了糖之外，普遍还含有磷酸盐、甜味剂、香精、合成色素等。宝宝摄取过多的人工添加剂会对他的健康造成不可预估的影响。美国有研究揭示，可乐里含有致癌物质，但在巨大的经济利益下，这个研究结果也只能作为提醒，并不会对可乐产业造成多大影响。

甜饮料中的秘密

甜饮料中所含糖分非常多。因为甜味是人最不敏感的一种味道，要加到4%以上，才会有淡淡的甜味；8%以上，才有满意的甜味。如果饮料喝起来酸甜适口，那么糖分就会达到10%以上。一般宝宝喜爱的甜饮料甜度都比较高，含糖量相应的也很多。

算算你可能吓一跳：喝一罐 330 毫升的可乐，其中含有 35 克糖，能量为 585.76 千焦，相当于半碗米饭的能量。即使是你感觉不太甜的低糖饮料，其中也有 4% 的糖。比如说，喝一瓶 500 毫升的低糖茶饮料，会喝进去 20 克糖。

如果宝宝饭前喝下这些甜饮料，相当于已经吃下半碗米饭的糖，这些糖一部分是蔗糖，更多的是果葡糖浆（来自玉米淀粉或大米淀粉的一种糖浆，主要成分是果糖和葡萄糖），但无论怎样，它们都是糖，人体都能吸收，都含有同样多的能量，给宝宝的身体造成严重的健康隐患。

（二）喝果汁也要适量

美国儿科学会专家早已警告父母：应该禁止你的宝宝在就餐期间喝果汁。他们指出，果汁加剧了肥胖、2 型糖尿病和心脏病的发病率上升。果汁容易让宝宝糖分摄入超标。伦敦大学糖尿病和营养科学教授汤姆·桑德斯说："宝宝应该从饮用水中获取他们所需的水分。我们需要让人们养成在桌子上放一壶水的习惯，而不该是某种水果饮料。不要让饮料经常出现在餐桌上。"所以，宝宝应该只喝水或牛奶，而不应该一直喝甜饮料或果汁。

因此，宝宝是不能喝甜饮料的，哪怕是果汁都不是健康的。宝宝最健康的饮品就是水和牛奶。所以鼓励宝宝喝水吧，远离甜饮料对宝宝的健康是极为重要的。对于 13～24 月龄的宝宝，尤其是已经超重或肥胖的宝宝，更要注意远离含糖饮料。如果非要喝，最好选择稀释的纯果汁，不超过 100 毫升 / 日。

五、鱼虾过敏的宝宝饮食上要注意什么

鱼虾营养丰富，也是我们日常饮食中获得优质蛋白质等营养素的重要来源之一，但对于过敏体质的宝宝来说，进食鱼虾可能会导致过敏。

如果宝宝已经确定是鱼虾过敏，那么家长应该将鱼虾以及含有鱼虾成分的所有食物（包括自然食物及加工食物等，例如鱼露、虾粉、鱼子酱等调味品以及各种零食）从宝宝的食谱中去除，避免接触或食用到鱼虾，以防再次发生过敏。

（1）保证优质蛋白质的摄入。畜禽肉、大豆及豆制品、奶及奶制品都是优质蛋白质的良好来源。食物制作上，应该细碎松软，以便于宝宝咀嚼吞咽、消化吸收。

（2）保证优质油脂的摄入。增加 ω−3 脂肪酸的摄入，可以从富含不饱和脂肪酸的食物中获取（如橄榄油、亚麻籽油等），也可以选择营养补充剂，但应避免食用鱼油，以防发生过敏。可以选择藻油来源的 EPA 和 DHA。

（3）告知其他家庭成员以及亲戚朋友，避免意外食用鱼虾引起过敏；当宝宝发生急性过敏反应时，应及时采取相关措施。

提醒：宝宝鱼虾过敏不一定是终身的，一般过敏宝宝在避免食用鱼虾一段时间（6个月以上）后，可以再次尝试食用鱼虾，不少过敏宝宝可能不再会出现过敏症状，这种情况下就可以再次继续食用鱼虾了。对于那些过敏程度比较小的宝宝，你可以在医生指导下尝试少量逐渐添加。

六、奶制品过敏的宝宝饮食上要注意什么

宝宝喝牛奶后长湿疹、腹泻、腹痛……出现这些症状时，家长们就有疑问：宝宝是不是牛奶过敏了？那么，怎样才能准确判断是不是牛奶过敏呢？

当怀疑宝宝对牛奶过敏时，家长应及时带宝宝去医院，请医生做牛奶过敏的专门检查。

牛奶过敏，实际上是对牛奶中的蛋白过敏，也就是说，是宝宝体内的免疫系统对牛奶蛋白过度反应而造成的。牛奶过敏是宝宝出生后第一年最常发生的食物过敏。大约有 2% ~ 5% 的宝宝会出现牛奶过敏症。对于母乳喂养的宝宝来说，可能在断母乳后才发现宝宝对牛奶过敏，这个阶段，宝宝依然是需要摄入大量的

奶类以满足生长发育的需要的，所以切不可把奶类从宝宝的食谱中完全去除。

宝宝牛奶过敏，要采取饮食排除疗法，也就是在随后的 3 ~ 6 个月严格避免吃含牛奶成分的食物。不光是不能喝普通配方奶，奶油蛋糕、面包、沙拉酱、牛初乳、奶糖、含奶饼干等这些含奶的食物都不能吃，家长在给宝宝挑选食物时，一定要看清楚食物的成分。

对牛奶过敏的宝宝来说，选择水解蛋白配方奶粉是目前来说比较有效的方法。如果宝宝对牛奶过敏，首选蛋白质已经经过处理的深度水解配方奶粉作为替代品。深度水解蛋白配方奶粉是通过特殊工艺将牛奶中引起过敏的大分子牛奶蛋白处理成小碎片，人体可以直接吸收和利用，一般不会诱发异常免疫反应，因此可以用于牛奶过敏宝宝。深度水解配方奶在一般情况下要吃 6 个月以上。因为牛奶蛋白过敏常在 6 ~ 12 月龄后消失，医生可能会建议在此期间再次让宝宝尝试用普通牛奶配方奶粉喂养。如果宝宝在密切监护的激发试验期间出现反应，则建议继续进行饮食排除疗法，使用深度水解蛋白配方奶粉；如果未观察到过敏反应或者过敏反应较轻，宝宝就可以转为适度水解配方奶粉喂养。

对于较大的宝宝来说，可能由于水解蛋白配方奶粉口感不佳而拒绝食用。家长也可以选择豆基配方奶粉，由于这种配方奶粉中蛋白质均采用大豆蛋白，可以有效避免牛奶蛋白过敏反应。对已经彻底断奶、完全不接受配方奶的宝宝，家长喂养时应该密切注意宝宝的饮食均衡，保证优质蛋白质、钙、维生素及微量元素的摄入量能达到宝宝生长发育所需要的量，防止营养素缺乏。

七、12月龄以上的宝宝还需要补充维生素D制剂吗

很多家长通常在宝宝 12 月龄以内会给宝宝补充维生素 D 制剂，但宝宝到了 1 岁以后，家长不知道到底该不该补充。我国《儿童维生素 D 缺乏性佝偻病防治建议》明确了，每天摄入 400 国际单位的维生素 D 持续到 2 岁。为了安全起见，

一般情况下（作为治疗剂量时除外），婴幼儿每天总计摄入维生素 D 只要不超过800 国际单位认为都是安全的。

对于 24 月龄的宝宝，我国维生素 D 的推荐摄入量为 400 国际单位。维生素D 可以通过阳光照射由皮肤合成，如果宝宝在夏季能充分接受阳光直射皮肤 30分钟以上（婴幼儿要避免长时间强光直射），自身合成的维生素 D，就基本上能满足身体需要了，但是由于紫外线照射导致皮肤癌患病率上升、空气污染以及天气变化等各种问题，通过紫外线照射难以保证婴幼儿获得足够的维生素 D 来满足生长发育的需要。所以，要想让宝宝有充足的维生素 D 供机体利用，不能完全依赖于阳光照射皮肤合成。

在食物中，维生素 D 天然的食物来源并不多，包括鱼肝油、海鱼、动物肝脏、蛋黄等。其中鳕鱼、比目鱼含维生素 D 含量较高；鲱鱼、鲑鱼、沙丁鱼含维生素 D 较少；禽畜肝脏、蛋黄中含有少量维生素 D。对于 24 月龄的宝宝，通过每天摄入深海鱼类来补充足够的维生素 D 并不现实。

但是到底怎样才能让宝宝获取足够的维生素 D 呢？

如果是母乳喂养的宝宝，可以继续补充维生素 D 制剂，每天 400 国际单位。如果是人工喂养的宝宝，一般配方奶中强化了维生素 D，能保证宝宝 400 ~ 600毫升奶量，再加上适量的户外活动和一定量的深海鱼即可满足宝宝的维生素 D的需要。喝纯奶的宝宝，可以选择强化维生素 D 的奶品。但是，对于不能达到以上要求的宝宝，就需要通过补充维生素 D 制剂来保证需要。具体根据宝宝实际奶类摄入、户外活动以及食物摄入等情况，由专业医生或营养师给出补充适宜剂量的维生素 D 制剂的建议。

第四节　25~36月龄宝宝的营养哪里来

一、让宝宝养成良好的饮食习惯

宝宝 24 月龄以后，一般就能自己进食了，家长需要正确引导宝宝，而不是为了贪图省事剥夺宝宝自己吃饭的机会。这个时候需要培养宝宝上桌吃饭，养成良好的饮食习惯，吃好三餐。那种到处追着宝宝喂饭的做法不可取。

二、25~36月龄宝宝一日三餐安排

（一）饮食总能量

很多妈妈为宝宝吃饭发愁，总觉得宝宝吃得太少，担心营养不够，影响生长发育。其实，这个时候的宝宝，吃饭仍然不像成人那样有规律。宝宝有时候吃得多，有时候吃得少，只要宝宝发育正常，精神良好，没有贫血等营养不良问题就可以了。

（二）奶类总量

24 月龄以后，宝宝几乎不再吃母乳了。此时，可以选择配方奶、鲜奶、纯奶等其他的奶类制品，这些奶品可以安排 350 ~ 400 毫升 / 日。有的宝宝喜欢喝含糖奶，每日达 1 升以上，这种做法不可取，会导致能量过剩引发肥胖等健康问题，给今后健康带来很大的威胁。

（三）主食

24 月龄以后，几乎可以和大人一样吃主食了，包括米饭、馒头、面包、面条、粥等，但宝宝主食还是要选择容易消化吸收的食物，不能太硬，粗粮也不宜进食太多，尤其是整颗粒的玉米等。当然，也不能为了让宝宝容易消化吸收，将所有

主食做成糊糊。

（四）蔬菜、水果

　　蔬菜和水果量可以分别为 150 ～ 200 克／日，多点少点也没有关系。对于那些功能性便秘的宝宝更要注意摄入蔬菜和水果。很多宝宝不喜欢吃蔬菜，甚至一点蔬菜都不肯吃。针对这种情况，一方面要引导宝宝，另一方面注意饮食搭配。

（五）蛋类、鱼虾、瘦禽畜肉

　　蛋类、鱼虾、瘦禽畜肉总量加起来每日在 100 ～ 125 克左右。瘦禽畜肉可以为 25 ～ 50 克，每日或隔日 1 个鸡蛋，或等量其他蛋类，鱼虾平均每日 25 ～ 50 克。

（六）油

　　植物油也是饮食的一部分，提供人体必需的多不饱和脂肪酸，如 α－亚油酸和 α－亚麻酸。可以给宝宝选择的植物油包括大豆油、橄榄油、芝麻香油、亚麻籽油等，也可以选择调和油。

（七）调料

　　盐 1 ～ 3 克／日。其实，25 ～ 36 月龄宝宝也可以从天然食物中获得足够的钠，不用吃额外加盐的食物。

　　盐吃多了，会养成重口味，增加今后患高血压的发病机会。预防高血压，要从婴幼儿时期养成健康的饮食习惯。为了宝宝和家人的健康，也要养成清淡少盐饮食习惯。

（八）餐次安排

让宝宝逐步养成良好的饮食习惯，定时、定量有规律的进餐。每日 5 ~ 6 餐，即主餐 3 次，上、下午两主餐之间可以进食奶类、水果，睡前也可以少量加餐。

尽量避免甜食及饮料，以及不健康零食！

三、合理地给宝宝加餐

除了三餐之外，加餐的零食对于这个年龄段的宝宝来说非常重要。有妈妈抱怨，如果宝宝早上喝了奶，就不肯吃其他食物了。其实，奶也是宝宝的早餐食物之一，宝宝喝了奶有可能就不吃其他食物了。如何给宝宝合理加餐呢？

（1）宝宝早餐喝奶后，如果不吃主食，可以在早餐和午餐之间给宝宝吃点面包、馒头，或饼干等，其他餐次也是一样的。

（2）加餐不要太多，以免影响宝宝的正餐摄入。当然，如果宝宝正餐吃得少，加餐就要适当多一些。

（3）加餐可选用三餐吃不到的食物，作为正餐营养的补充，比如奶类、水果、面点等。限制不健康的零食包括甜饮料、油炸食品、加工肉制品等，最好让宝宝从小养成健康饮食习惯，对健康非常重要。

（4）对于偏瘦或营养不良的宝宝，尤其要注意安排好加餐，可以提供高能量的食物，比如蛋糕、面包、奶类、肉类等。而对于肥胖的宝宝，就要注意控制零食的摄入量，包括含糖饮料、油炸食品等，尽量选择脂肪含量少、糖分少的水果，如小西红柿、小乳瓜之类的作为加餐。

第五节 25~36月龄宝宝的饮食如何安排

一、主食的选择和烹制

虽然主食的烹调方法多种多样，但从健康角度出发，多采用蒸、煮等方法，适当选用炒、烤，尽量避免煎、炸。如蒸米饭、煮粥、煮面条；土豆、红薯等薯类食物可以作为宝宝饮食的一部分。

（一）主食变变花样

很多家长反映，宝宝不怎么爱吃主食，喜欢吃肉。其实，如果做法得当，宝宝还是能够摄入充足的主食。

家长不妨将主食做成各种宝宝喜欢的卡通造型，主食品种上经常变化，既满足了膳食多样化的要求，又容易让宝宝接受。例如有手巧的妈妈将面条用菠菜汁、甘蓝汁、胡萝卜汁等"上色"后做成七彩面条，相信这样的面条肯定受宝宝喜欢。家长也可以给宝宝制作形状各异的卡通面包或蛋糕作为宝宝的加餐食品，或许也能吸引宝宝的眼球。

（二）适量科学食用粗粮

对于成人，一般建议粗细搭配，可对于25～36月龄的幼儿，《中国居民膳食指南》一般不建议吃太多粗粮。这里指的粗粮主要包括整粒玉米、黑米、高粱、薏米、杂豆类以及粗粮磨成的粉等。

但家长可以合理利用全谷类或少量的粗粮混合制作成各种主食，尤其是那些容易便秘的宝宝，不妨吃一些全谷类及杂粮面食物。如小米粥、二米饭，营养价值比白米饭高，同样容易消化吸收。

宝宝也可以喝点八宝粥，或带有少量玉米面或黑米面的馒头或花卷（杂粮占 1/5 左右）。也可以用豆浆机或料理机将杂粮打碎，制作糊状食物，作为宝宝主食的一部分。不建议给宝宝吃整粒的玉米棒、黄豆，以及纯粗粮的窝头等。

五彩花卷的做法

原料：面粉（1 000 ～ 2 000 克，根据具体情况不等）、酵母、植物油、盐、鸡蛋（2 ～ 3 个）、肉末（100 克左右）、胡萝卜（1 个）、黑木耳（少量，用水泡开）、葱（5 ～ 10 棵小葱）。

制作方法：

（1）准备好干净的和面容器，加入面粉，同时按比例加入酵母粉，然后加适量水和面，和好以后开始醒面，30 ～ 60 分钟不等。

提醒：环境温度不宜过低，否则会影响醒面时间。面里的B族维生素怕碱，所以尽量不用小苏打。

（2）将鸡蛋打入容器里，搅拌均匀，用平底锅等灶具煎成薄蛋皮，然后切成丝状，同时将胡萝卜切成丝，葱、发好的木耳切碎，将这些放入器具里，加入少量麻油、盐，调好味。

（3）将发好的面，手工或机器反复按压，然后擀成 1 厘米厚，20 厘米宽，40 ～ 50 厘米长的面饼。在面饼上抹上植物油，撒上调好的配菜，抹匀。将面饼从宽的一端卷紧到另一端，切成小 5 厘米左右的圆柱状面团，然后将刀切的一面朝上，平放到蒸笼上。

（4）在 35 ～ 40℃环境里再醒 30 分钟左右，放到蒸笼上，蒸熟，即可。

二、蛋类、肉类、鱼虾类的烹制

（一）蛋类

每日或隔日给宝宝吃 1 个鸡蛋，或等量其他蛋类。可以是煮鸡蛋、五香茶叶蛋、虾仁蒸蛋，或肉末蒸蛋、西红柿炒鸡蛋、紫菜蛋汤等。不建议经常用煎、炸的方式烹饪鸡蛋给宝宝吃。

（二）肉类

瘦肉是铁、锌、蛋白质等营养素的来源，每日平均 25 ～ 50 克。需要提醒的是，食物营养再好，每日食用也不应过量，尤其是红肉含较多的饱和脂肪，长期摄入过多容易能量过剩而导致宝宝体重超重或肥胖。当然，如果你家宝宝偏瘦根据具体情况可以适量多摄入一些。对于那些偏食的宝宝，可以适量增减荤菜的摄入。你可以将肉与菜混在一起做成饺子馅，给宝宝包饺子或做成其他有馅的食物。为了让宝宝更容易消化肉类食物，你也可以将肉用高压锅煮烂或炖烂，或者做成嫩肉丸。

（三）鱼虾

平均每日 25 ～ 50 克，最好每周有 1 ～ 2 次海鱼。尽量选择刺少的鱼，如鲈鱼、黑鱼等，吃鱼的过程中，一定要注意防止鱼刺卡着宝宝，你也可以将鱼肉做成鱼丸。

很多家长会问，野生的鱼是不是比养殖的鱼更安全。其实，野生的鱼未必就更安全，可能会受更多重金属污染的风险。

三、蔬菜的选择和烹制

（一）如何挑选宝宝爱吃的蔬菜

25 ～ 36 月龄的宝宝胃肠道的消化能力还没有足够强大，不容易消化含纤维比较多的蔬菜。因此，要选择嫩叶菜、胡萝卜、笋瓜、西红柿等，将其切碎、煮烂。

(二) 宝宝不喜欢吃蔬菜怎么办

对不喜欢吃蔬菜的宝宝，需要多引导，让宝宝有个适应的过程。吃饭时，宝宝不肯吃蔬菜，可以在加餐时选择一些千禧果、小乳瓜作为零食。如果确实吃蔬菜较少，可以考虑给宝宝补充点复合维生素。

(三) 蔬菜烹制时需要注意什么

目前，宝宝还不能完全吃成人饮食，因此在菜肴的烹制方式上，可以采用炒、煮、炖相结合，蔬菜可以切得碎一点，烹制的时候烂一点，有利于宝宝消化。口味清淡，也不要太油腻。

四、科学吃水果更营养

宝宝每日可以吃 150 ~ 200 克水果。水果既可以作为三餐的一部分，也可以在加餐的时候吃。

(一) 宝宝应该吃什么样的水果

水果选择可以多样化，苹果、香蕉、桃子、橘子、无籽葡萄、火龙果、猕猴桃等。

每日可以安排 1 ~ 2 个品种，不同水果含有的营养素有差别，经常变换水果品种，才有利于营养均衡。

(二) 水果也可以变花样

家长可以将部分水果加入纯奶或酸奶中做成奶昔，搭配出美味；也可以将苹果、梨等煮着吃，或做成水果羹，如苹果羹。

五、25~36月龄宝宝食谱举例

（一）25~36月龄宝宝每日食物种类（表3-3）

表3-3　25~36月龄宝宝每日食物种类

食物	食物分配
奶类	幼儿配方奶400~600毫升或液态奶350毫升
主食（生重）	米、面125~150克
荤菜	鸡蛋、瘦猪肉、鱼虾100~125克
蔬菜	150~200克
水果	150~200克
植物油	15~20克

（二）25~36月龄宝宝一周食谱举例（表3-4）

表3-4　25~36月龄宝宝一周食谱举例

星期	早餐	加餐	中餐	加餐	晚餐	加餐
周一	奶类 香菇肉包 小米粥	蛋糕	小馄饨	猕猴桃 酸奶	软米饭 肉末烧豆腐 西红柿炒鸡蛋	奶类
周二	煮鸡蛋 营养八宝粥	小馒头 奶类	烂米饭 卤猪心 肉末烩西兰花	香蕉 酸奶	彩色手擀鸡蛋面	奶类
周三	肉末蒸蛋 小馒头 南瓜小米粥	香蕉 奶类	西红柿肉末面条	猕猴桃 酸奶	白菜猪肉水饺	奶类
周四	青菜肉末粥 蒸鸡蛋	火龙果 奶类	虾仁紫菜菠菜面条	杂粮饼干	小米白米饭 清蒸鲈鱼 炒嫩青菜叶	奶类
周五	紫薯小馒头 西红柿炒鸡蛋	蛋糕 奶类	软米饭 鱼香肉丝 菠菜豆腐羹	牛油果 酸奶	紫米大米饭 青菜烩鱼丸 土豆烧牛肉	奶类
周六	核桃仁紫米粥 南瓜饼	饼干 奶类	软米饭 土豆烧牛肉 肉末烧豇豆	时令水果 奶昔	西红柿炒鸡蛋拌饭 银鱼蒸蛋	奶类
周日	鸡蛋菜饼 豆腐脑	时令水果 奶类	虾肉香菇馄饨	酸奶 面包	鸡汤青菜面条	奶类

第六节　25～36月龄宝宝喂养答疑

一、吞不下固体食物

　　曾经一位爷爷带着孙儿来进行营养咨询：宝宝已经2岁了，一吃干饭或稍微硬点的固体食物，就会恶心、呕吐，无法下咽，但是吃奶类等流质的食物很好。看过几次医生了，没有发现有疾病。现在不知道该如何是好？

　　经过详细的询问，我了解到，宝宝的饮食主要是爷爷奶奶负责，老人家担心宝宝吃固体食物不能好好消化，就一直把宝宝的食物用料理机打碎，做成糊状，认为这样有利于宝宝消化吸收。这样做虽然宝宝可以获得充足的营养，生长发育也没有问题，但是却忽略了宝宝饮食模式改变的需求，在改变的过程中需要学习和训练。由于宝宝一直吃流质食物，没有及时尝试末状或块状固体食物，也就没有足够的时间去学习进食这类固体食物，导致咀嚼吞咽能力没有得到很好的训练。所以宝宝到了2岁，一吃米饭或其他稍微硬的固体食物就无法下咽，表现出恶心、呕吐。

　　因此，宝宝的饮食性状需要及时调整，不同阶段的宝宝就要进食不同性状的食物，家长不能为了让宝宝"省事"而自作聪明持续给幼儿只进食流质食物，导致宝宝吞咽能力没有及时得到训练。这样不但造成宝宝今后吞咽困难，还会造成宝宝说话晚、口齿不清等问题。当然，造成宝宝恶心、呕吐的原因很多，首先需要排除器质性疾病导致的。

二、核桃油能让宝宝更聪明吗

　　核桃仁因酷似人脑外形，常被人们认为是健脑益智佳品。核桃油也就理所当然备受家长的青睐。

（一）核桃≠核桃油

我们知道完整的核桃含有蛋白质、必需脂肪酸、少量淀粉、膳食纤维、多种维生素和矿物质，但核桃油里主要含有油脂包括必需脂肪酸以及维生素 E，所以，核桃油的营养价值不及核桃。

（二）核桃油不能代替 DHA

很多妈妈们认为"核桃补脑"是因为核桃中含有"脑黄金"DHA，其实核桃里并不含 DHA，含有最多的是亚油酸。和大豆油类似，核桃油只含有少量的 α－亚麻酸，虽然从生化理论上来说，α－亚麻酸可以转变成 DHA，但事实上，通过补充 α－亚麻酸来转化成 DHA 的过程十分缓慢且效率低，对成人来说 1% ～ 3%，对婴幼儿来说转化率也不会多高。所以，食用核桃油并没有什么特别之处，与其他绝大多数油脂一样。母乳、海鱼才是提供 DHA 的最佳来源。

> 提醒：核桃油含有较多的不饱和脂肪酸，不耐高温。在高温下容易产生较多的自由基和一些致癌物质，不利健康。核桃油食用时最好不要高温加热，尽量选用低温烹调的方式，如需煎炒，也可用低温烘焙来代替，也可以用来凉拌或涂面包片等，以便最大限度地保持其健康作用。

三、DHA真能促进宝宝大脑发育吗

"DHA，让宝宝智力发育好，更聪明"，经常看电视的家长，对这一类型的广告词并不陌生。在超市的货架上，"DHA"几个英文字母也都标在奶粉外包装醒目的位置上，"添加 DHA"几乎成为婴幼儿奶粉的标配。

DHA 即二十二碳六烯酸，是一种对人体非常重要的 ω–3 系列多不饱和脂肪酸。人体内的 DHA 有一部分可由 α－亚麻酸衍化而成，即 α－亚麻酸进入人体后，在去饱和酶和碳链延长酶的作用下，通过去饱和、延长链后衍生为 EPA 和 DHA。

　　早在1989年，英国营养化学家克罗夫特教授提出鱼体内含有的DHA对大脑的发育至关重要。世界卫生组织1993年在罗马召开的会议上正式推荐婴幼儿生长发育早期阶段要补充DHA，尤其早产儿要尽早补充DHA。于是，DHA成为目前公认的补脑营养素，也是众多婴幼儿奶粉、保健品的卖点和宣传点。

　　虽然研究证实DHA是人大脑皮层和视网膜的重要组成部分，但学术界对补充DHA对人体的作用一直没有最终定论，包括美国食品与药品监督管理局（FDA）对其仍持不置可否的态度，表示"对DHA的科研证据是混杂的"。

　　欧洲食品安全局（EFSA）官方宣布，2011年5月26日起，同意食品厂商在产品上标注二十二碳六烯酸（DHA）促进婴幼儿视力发育，但不允许宣称DHA能优化婴幼儿及青少年大脑发育。从这我们可以看出，补充DHA未必能使宝宝更聪明，但使宝宝眼睛更明亮是肯定的。而且该文件还特别标明，对于0~12月龄婴儿，每日摄入100毫克DHA才能发挥其促进视力发育的功效。如果饮用婴幼儿配方奶，则奶中DHA占脂肪酸总量不应低于0.3%才能获得此效果。

　　DHA是人的大脑和视网膜的重要组成部分，这一点毋庸置疑。世界卫生组织及国际脂肪酸和类脂研究学会（ISSFAL）及我国一致推荐，婴幼儿每日适宜摄入量为100毫克。

　　对于13~24月龄的宝宝，通常情况下可以通过母乳或强化DHA的奶粉获得一定量的DHA，除此之外，还可以从天然食物中摄取DHA，包括海鱼、淡水鱼以及海藻类。如果宝宝很少吃鱼或吃鱼会过敏，同时从其他食物摄入DHA较少，可以考虑选择DHA补充剂，但不建议大剂量补充。

　　任何营养素的摄入都必须在一个适度的范围内，营养素摄入量水平超过人体可耐受的最高摄入量，产生毒副作用的可能性就会增加。DHA摄入过多可能会造成免疫力下降等不良反应。婴幼儿本来发育就不完善，更会影响免疫功能，摄入过多DHA对婴幼儿可能造成消化道负担等问题。而且DHA作为多不饱和脂肪酸，不稳定，容易氧化，也会产生过多的自由基，不利于机体健康。

因此，对于 13 ~ 24 月龄的宝宝来说，尽量从饮食中获得 DHA，饮食中不足可以考虑适量补充，但不能盲目夸大 DHA 的作用。

四、豆制品中有没有雌激素

大豆及其制品中含有大豆异黄酮，也就是植物雌激素，其与动物体内的雌激素是有区别的。植物雌激素结构与动物雌激素相似，可与雌激素受体结合发挥类雌激素或抗雌激素效应，在哺乳动物体内产生"双向调节作用"。即当人体内雌激素水平低时，大豆异黄酮占据雌激素受体，发挥弱雌激素效应，表现出提高雌激素水平的作用；当人体内雌激素水平高时，大豆异黄酮以"竞争"方式占据受体位置，同样发挥弱雌激素效应，由于它的活性仅为内雌激素的 2%，所以，表现出降低体内雌激素水平的作用。

大豆及其豆制品中的大豆异黄酮含量很低，仅有 0.25% 左右。豆制品中大豆异黄酮含量较高的豆腐也就含 0.42% 左右；豆浆中更低，仅有 0.19%。因此，常规进食大豆制品，摄入的植物雌激素不多，植物雌激素在人体的作用也非常微弱。

大豆的蛋白质含量为 35% ~ 40%，与瘦肉、鸡蛋等食物相比，蛋白质含量相对较高，大豆蛋白质的氨基酸模式较好，具有较高的营养价值，属于优质蛋白。其赖氨酸含量较高，但蛋氨酸含量较少，与谷类食物混合食用，可较好的发挥蛋白质的互补作用。大豆中还含有丰富的钙、铁、维生素 B_1、维生素 B_2，还富含维生素 E。此外，大豆中的植物化学物除了大豆异黄酮还含有其他特殊的成分，如大豆皂苷、大豆甾醇和大豆卵磷脂等，这些都具有广泛的生物学作用和特殊的生理作用。

豆制品不仅营养丰富，易于消化，而且价廉，食用方便。大豆异黄酮虽然被人们称为植物雌激素，但是它们本身不是激素，是植物化学物。豆制品中的植物雌激素含量较低，而且具有双向调节作用，不仅不会扰乱身体的正常激素水平，还会身体有好处。不管是男孩还是女孩，适当吃一些豆制品是不会引起性早熟和影响生殖发育的，丰富的蛋白质含量还能够促进婴幼儿的生长发育。所以，不让宝宝吃豆腐、豆浆等豆制品的父母们实在是多虑了。

食用豆制品时需要注意

1. 豆制品是婴幼儿理想的辅食之一

建议 6 月龄以后可以尝试添加煮熟的豆腐，1～2 岁的宝宝平均每日可进食 50 克左右的豆腐，既可以获得优质蛋白质，还可以获得较多的钙，但不要进食整粒黄豆、毛豆等，不仅不易消化吸收，还会增加发生窒息的风险。豆浆的营养价值较低，不建议给 1～2 岁的幼儿替代奶类食用。

2. 豆制品不是吃得越多越好

任何事物，包括食物都有一个度，适量有益健康，过量则有害健康。因豆制品中蛋白质含量丰富，若摄入过多的蛋白质，其在体内的代谢废物会加重肾脏的负担。如果幼儿有肾脏方面的疾病，建议少吃豆制品。可用动物蛋白代替部分大豆蛋白，保证幼儿生长发育的营养需求。

五、益生菌饮料能不能预防便秘

不同年龄阶段会出现不同的健康问题。对于 2 岁左右的宝宝，胃肠功能以及免疫功能尚未发育完善，抵抗力较弱，容易发生消化功能紊乱以及吸收障碍等问题，加上饮食结构不合理、生活习惯不健康等，宝宝很容易发生便秘。

预防便秘，一定会提到益生菌及现在流行的益生菌饮品。益生菌饮料包括活性益生菌饮料和非活性益生菌饮料，两者的区别在于是否含有活性的益生菌。对于成年人来说，适量饮用数量充足的活性有效菌株益生菌饮品可以增加胃肠道内益生菌的数量，改善胃肠道功能，预防便秘发生。

但是对于 2 岁左右的宝宝来说，我并不建议饮用益生菌饮料。从营养角度来说，益生菌饮料中所含的蛋白质等营养成分较低，不能给宝宝提供生长发育所需足够的营养。从健康角度来说，大多数的益生菌饮料都添加了较多的糖分、甜味剂及其他的食品添加剂，容易"绑架"宝宝的味觉，降低宝宝的食欲，导致宝宝摄入营养素不足，造成营养素缺乏，引起营养不良、发育落后等问题；由于益生菌饮料中添加有较多糖分，大量饮用益生菌饮料，容易让宝宝产生肥胖、龋齿等问题。

获得益生菌的途径并不只有一种。发酵乳，俗称酸奶，也是一种比较好的选择。经益生菌发酵的牛奶，除了能为宝宝提供优质蛋白质和益生菌外，牛奶在发酵的过程中还会产生乳酸、乳糖酶、维生素（包括泛酸、烟酸、维生素 B_1、维生素 B_2、维生素 B_6 及维生素 K 等）同时能产生短链脂肪酸、抗氧化剂、氨基酸等，这些有益物质对宝宝的骨骼生长和心脏健康有重要作用。

提醒：目前市场上，有很多种由牛奶或奶粉、糖、乳酸或柠檬酸、苹果酸、香料和防腐剂等加工配制而成的"乳酸奶"，其不具备酸牛奶的保健作用，家长购买时要仔细识别。

另外，益生菌制剂也是一种较为安全的选择，益生菌制剂中起作用的是嗜酸乳杆菌、乳双歧杆菌、鼠李糖乳杆菌、干酪乳杆菌等益生菌，而且只有活的菌群才有活性，起到调理肠道、提高免疫的功效。不同的活菌数量影响功效。市面上从 30 万、50 万、100 万到 50 亿、300 亿活菌数含量的益生菌各不相同。人体摄入数量不是越高越好，要根据厂家安全指示正确摄入。

如何正确服用益生菌来纠正便秘？

（1）冲调含有益生菌的奶粉或制剂时要注意使用温开水（35 ~ 40℃），冲泡好的奶或益生菌制剂要及时服用，以免益生菌死亡失效。

（2）益生菌不能与抗生素同服。抗生素尤其是广谱抗生素不能识别有害菌和有益菌，所以它杀死"敌人"的时候往往把有益菌也杀死了。服药过后补点益生菌，都会对维持肠道菌群的平衡起到很好的作用。如果必须服用抗生素，服用益生菌与抗生素间隔的时间不应短于 2 ~ 3 小时。

（3）如果没有消化不良、腹胀、腹泻或存在其他破坏肠内菌群平衡的因素，不建议给宝宝额外摄入过多的益生菌制剂。

（4）在给宝宝补充益生菌的同时，应多吃根茎类蔬菜、水果及海藻等食品。这就等于在消化道里布置一个益生菌们喜欢生长的环境。多数的益生菌不喜欢肉类和葡萄糖太多的环境，因此如果益生菌食品中含较多糖分也会降低菌种的活性。

有便秘困扰的宝宝，除了补充益生菌外，平时还应该多吃新鲜蔬菜，增加饮食中纤维的摄取量；适量增加食用粗杂粮、麦麸等，扩充粪便体积，促进肠蠕动，减少便秘的发生。有些便秘是由疾病导致的，只通过饮食或补充益生菌是不能纠正的，应及时到医院就诊，以免耽误治疗。

科学饮用酸奶

1. 最好在餐后饮用

由于益生菌在胃肠道中会受胃酸、肠道消化酶等物质影响，造成菌株活性降低或丧失，从而使其到达肠道作用部位时不能达到最佳功效。所以宝宝饮用酸奶的最佳时机应该在餐后，这个时候食物已经稀释了胃肠道中的胃酸及酶，减少对酸奶中益生菌的破坏，使得更多活性菌株到达肠道发挥作用。

2. 饮用酸奶后要及时漱口

由于酸奶中益生菌发酵产物中有乳酸、一定量的糖及某些细菌，长时间保留在口腔内会腐蚀宝宝的牙釉质，造成宝宝产生龋齿。所以饮用酸奶后要及时给宝宝漱口。

3. 酸奶不能加热后饮用

酸奶中的活性益生菌，一经加热或开水稀释后便会大量死亡，不仅会丧失酸奶原有风味，也会造成酸奶的营养价值大大降低。所以切勿将酸奶加热后饮用，冬季可以摆放至常温饮用，也可以用温水温热即可。

4. 服用某些药物时不要饮用酸奶

例如，氯霉素、红霉素等抗生素，另外磺胺类药物和治疗腹泻的收敛剂等药物，可杀死或破坏酸奶中的乳酸菌。

5. 患有特殊疾病的宝宝不要饮用酸奶

如胃酸过多的宝宝、胃肠道术后的宝宝、患有心内膜炎、重症胰腺炎的宝宝不宜饮用酸奶。

六、2岁以上宝宝还需要补充维生素D制剂吗

通常建议给宝宝补充维生素 D 制剂持续到 2 岁。很多家长仍然会问：2 岁以上的宝宝还需要补充维生素 D 制剂吗？

对于 25 ～ 36 月龄的宝宝，我国维生素 D 的推荐摄入量为 400 国际单位，另外通过阳光照射由皮肤合成维生素 D，就基本上能满足身体需要了。但是，在我国北方，由于冬季户外活动少、空气污染等各种问题，很难保证宝宝能够通过晒太阳来满足合成足够的维生素 D。临床上，通过检测血液中维生素 D_3 的含量提示，在冬季，宝宝体内维生素 D 普遍不足，有的宝宝明显缺乏。

有家长会问，维生素 D 可以从食物中获得吗？自然界中含维生素 D 的食物并不多，主要是海鱼、动物肝脏、蛋黄等，对于 25 ～ 36 月龄的宝宝，可以通过户外活动，靠自身合成足够的维生素 D，但冬季户外活动少，可以考虑继续补充

预防剂量的维生素 D 制剂，如鱼肝油及纯维生素 D 制剂。有调查显示，冬季和初春季节我国很多地区儿童体内维生素 D 不足或缺乏，这种现象值得警惕。

第七节 宝宝常见病预防与饮食安排

一、功能性便秘宝宝的饮食策略

便秘虽不是什么大病，但危害却不小。便秘不仅会使有毒物质长时间滞留在体内，损害肝、肾，还会影响儿童的生长发育，导致脂肪肝等疾患。最严重的是，长期便秘可能会影响宝宝的智力发育。因此，家长对宝宝的便秘一定要加以重视。

（一）了解便秘的症状及原因

便秘，是幼儿期常见的一种症状。症状是大便干、硬，排便时间相隔较长。一般功能性便秘多因结肠吸收水分电解质增多引起。婴幼儿患便秘的原因，除患有器质性病变（巨结肠、肠息肉等）外，大都由于饮食结构不合理，平时饮水少，或者没有养成按时排便的习惯所致。对患有先天性巨结肠、肛裂、痔疮等肛肠疾病的宝宝，应进行积极治疗。

宝宝是否便秘，不能只凭排便频率为标准，而是要对宝宝大便的质和量进行总体评估，同时也要看对宝宝的健康状况有无影响。每个宝宝的身体状况及饮食结构不同，因而每日正常排便次数也是有差别的。例如，在婴儿期纯母乳喂养的宝宝每日排便次数可能较多；而人工喂养及其他代乳品喂养的宝宝则可能每日排便 1 次或 2 ~ 3 日 1 次，当然有时候几日才大便一次。只要性状及量正常，宝宝又无其他不适，就是正常的。

如果宝宝出现以下情况，那就要考虑宝宝是不是出现便秘了：

（1）大便量少、干燥。

（2）大便难于排出，排便时宝宝有痛感，或表情痛苦。

（3）宝宝腹胀、疼痛。

（4）排便间隔时间长，食欲减退。

（二）合理安排饮食预防便秘

1. 饮食合理搭配

12月龄以上的宝宝可以继续母乳喂养，由于母乳中含有棕榈酸、低聚糖及较多的益生菌，因此较少发生便秘情况。哺乳妈妈同时也要注意合理膳食，适量增加含膳食纤维丰富的食物，摄入充足的蔬菜、水果及适量的粗粮，注意控盐清淡饮食，减少太油、太咸的食物摄入，最好不吃辣及重调料口味的食物。

给宝宝逐渐增加含有膳食纤维的食物，包括蔬菜、水果，以及八宝粥、南瓜粥等，也可以进食含有益生菌的酸奶。美国儿科学会推荐梨、西梅等水果有利预防和缓解功能性便秘，同时也提醒便秘的孩子少吃香蕉，香蕉可能会加重便秘，而不是传统认为的缓解便秘。

2. 保证饮水充足

12月龄以后的宝宝要注意逐渐增加水的摄入，让宝宝养成喝白开水的习惯。

3. 增加活动量

当宝宝运动量不够有时也容易导致排便不畅。因此，保证他每日有一定的活动量。这个时候，宝宝可以自己爬，或扶站，会走的宝宝已经可以自己走路了。

4. 饮食调节

饮食中增加蔬菜、水果、杂粮的比例，保证充足的水分，不要过量补钙，适量摄入含有益生菌的食物。对于脂类进食较少的宝宝也要注意摄入点芝麻粉、核桃粉等含有坚果或种子植物，当然，如果对这类食物过敏也要谨慎食用。排便前，可以试着喝点温开水来促进胃肠道的蠕动，以及按摩腹部以利于排便，也可以服用益生菌制剂调理肠道。

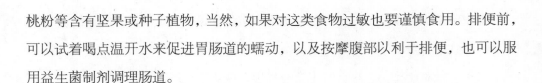

腹部按摩

经常按摩宝宝腹部对防治便秘也会起到一定的辅助作用。坚持每日睡前给宝宝做腹部按摩，妈妈手掌向下，平放在宝宝脐部位置，按顺时针方向轻轻推揉。这不仅可以加快宝宝肠道蠕动进而促进排便，并且有助于促进宝宝消化。

二、腹泻宝宝的饮食策略

（一）了解腹泻的症状及原因

与便秘正好相反，大便次数较平时增多，每日可能超过3次，甚至达10～20次，大便较稀，严重时像水一样，为"水样便"，这就是腹泻。6月龄～2岁的宝宝更容易发生腹泻，伴随的症状还会有腹痛、吐奶、食量减少、精神不好、嗜睡、体重变轻，有的还会发热。持续腹泻可能导致宝宝脱水。

宝宝腹泻的原因很多。从世界范围来看，急性腹泻的主要原因是感染，包括细菌、病毒、寄生虫。绝大多数腹泻由轮状病毒引起，其次是主要由痢疾志贺菌。腹泻的原因常常是由于进食了微生物污染的水、食物及其他。如果宝宝同时出现维生素A、锌等营养素的缺乏，会进一步增加感染的机会。还有非感染性腹泻，包括乳糖不耐受、过敏、辅食添加不合理等。

有很多母乳喂养的婴儿，大便比较稀，大便次数多。这种现象是因为婴儿可能存在生理性腹泻：生后不久即出现，除大便次数增多外，无任何症状，不影响生长发育。添加辅食后，大便逐渐转为正常。近年来，发现此类腹泻可能为乳糖不耐受的一种特殊类型。这类型腹泻常伴有湿疹或大便出血，过敏严重的还会引起肠道出血、水肿及腹泻，通过临床诊断确诊后，母乳喂养的宝宝通过哺乳妈妈忌口可能导致宝宝过敏的食物，人工喂养的宝宝通过换完全水解或部分水解的奶粉后可以控制症状或治愈。另外，不合理的辅食添加或进食过多等因素导致胃肠功能紊乱也会发生腹泻。

（二）腹泻患儿的饮食安排

世界卫生组织提出的小儿腹泻治疗原则是：继续饮食、预防脱水、纠正脱水，维持肠道黏膜屏障功能。腹泻时仍需继续进食，因为宝宝腹泻时常伴呕吐、厌食、发热和进食减少，营养物质消化吸收减少而丢失增加，长时间腹泻可引起营养不良。腹泻期间禁食对小肠功能恢复并不利，但如果患儿脱水较重，或伴呕吐，暂不宜进食，可以采用口服补液或静脉输液纠正水、电解质紊乱。

12 月龄以后的患儿，不再母乳喂养的，除了选用无乳糖奶粉之外，可以暂停不容易消化的食物，根据病情尝试进食粥、面条或烂饭等。也可给一些新鲜卫生的水果汁或水果以补充钾。这些食物要研磨或捣碎使之容易消化。鼓励宝宝多进食，每日加餐 1 次，直至腹泻停止后 2 周。开始进食后，粪便量会有所增加，只要患儿有食欲，仍可继续喂养。

严重感染时会损伤肠黏膜，造成继发性乳糖酶缺乏。这时患儿若继续喂食含有乳糖的奶粉时，会加重腹泻。所以严重腹泻的人工喂养患儿在刚恢复进食的初期，最好改用无乳糖奶粉。腹泻停止后继续给予营养丰富的饮食或要素饮食[①]，必要时每日加餐 1 次，持续 2 周。营养不良或慢性腹泻的患儿恢复期需时更长，

---

① 要素饮食（Elemental Diet）是一种化学精制食物，含有全部人体所需的易于消化吸收的营养成分，包含游离氨基酸、单糖、主要脂肪酸、维生素、无机盐类和微量元素。要素饮食在临床营养治疗中可保证危重患者的能量及氨基酸等营养素的摄入，促进伤口愈合，改善患者营养状况，以达到治疗和辅助治疗的目的。

家长需更注意宝宝的日常饮食直至营养不良纠正为止。

如腹泻明显加重，又引起较重脱水或腹胀，应立即减少或暂停饮食。对于病情严重不能进食的，需要在专业医师或临床营养医师综合评估后考虑是否需要使用肠内营养制剂或转为肠外营养。

对于个别呕吐严重不能进食或腹胀明显的患儿暂时禁食 4 ~ 6 小时（不禁水）。禁食期间应在医生指导下使用口服补液盐（ORS Ⅲ）。喝多少需要根据脱水程度，每千克体重给予 50 ~ 100 毫升，可迅速纠正脱水。病情好转后仍需鼓励患儿进食，按流食、半流食顺序逐步增加进食，过渡到正常的饮食。

如何通过大便性质来简单判断腹泻的病因?

大便的外观和性质等有助于判断腹泻的病因。如大便有腐臭味时提示蛋白质消化不良。多泡沫表示消化不良，外观油腻表示脂肪消化不良。若为血便同时粪质极少，并伴阵发性腹痛大多为肠套叠。轮状病毒肠炎多见于 2 周岁以下的幼儿，好发于秋冬季，先吐后泻常伴有上呼吸道感染的症状及蛋花汤样大便，次数可达 10 ~ 20 次 / 日。以上症状的腹泻不必都应用抗生素治疗。只有当粪便伴有黏液脓血，里急后重[①]，次数可达 10 ~ 20 次 / 日，则考虑细菌性痢疾时才用抗生素。由于小儿腹泻病因较多，当宝宝腹泻症状明显，尤其怀疑病毒感染或细菌性痢疾时应及时就诊，以免延误治疗。

三、瘦宝宝的饮食策略

家长担心宝宝体重增加不理想，这种心情是可以理解的，毕竟宝宝是在生长发育期，但宝宝到了 12 月龄以后，发育的速度显然没有婴儿期尤其是前 3 月龄

---

① 里急后重，为痢疾常见症状之一，里急形容大便在腹内急迫，欲解下为爽；后重形容大便至肛门，有重滞欲不下之感。

那么快。要想知道自己的宝宝的体重是否正常，最好通过生长发育曲线图（图2-1）来动态观察宝宝体重以及身高的变化，只要宝宝的生长在正常范围里就可以了。每个宝宝的情况不同，生长发育速度也有所差别。但是，当宝宝的体重明显偏离生长曲线时，如体重、身高低于10%以下时，就要重视了。

有的家长只是感觉上认为宝宝瘦，事实上，宝宝的体重在正常范围。也有的家长将体重正常的宝宝跟本来已经超重或肥胖的宝宝比，显得自己家的宝宝瘦，这种做法都是不恰当的。宝宝体重在正常范围即可，消瘦或肥胖都不健康。

宝宝瘦是肠道吸收不良吗？有的家长感觉宝宝不够胖，认为宝宝可能是消化不好，于是到处求医，给宝宝吃各种开胃的药，但吃后仍不见效。如果宝宝的体重确实低于正常标准了，就需要找原因了，原因包括饮食摄入不足、偏食挑食、过敏体质、个子增长较快、活动量变大或其他疾病导致。因此，宝宝瘦了，不代表肠道吸收不良，需要综合考虑。只要宝宝体重在正常范围里，没有明显偏离生长曲线问题就不大。

对于确实偏瘦的宝宝，在饮食上要注意摄入奶类、肉类、鱼类等，保证能量和优质蛋白质的摄入，合理安排好宝宝的加餐，减少含蛋白质少、含糖多的饮料或其他零食的摄入。

部分宝宝白天特别有精神，对外界事物非常感兴趣，但是对吃饭不感兴趣，或吃饭不专心，导致摄入过少。这种情况需要做好加餐。对于有偏食挑食的宝宝，不愿意吃肉类、蛋类或鱼类等优质蛋白质的宝宝，必要时选择高营养、高热量的特殊配方奶粉。

四、足月小样儿的饮食策略

对于足月小样儿，2岁以内生长追赶非常重要，如果能在2岁时追赶上同龄人，那么今后的身高就不会明显落后。但是，如果仍然没有追上，甚至比同龄人仍然低不少，就要引起家长注意。

(一) 体重达标，但个头落后

足月小样儿有自己的特点，由于在宫内发育不好，导致出生后宝宝胃口小，按照自己的生长规律进行生长发育，部分宝宝在一段时期会逐步出现生长追赶的现象，但也有部分宝宝并没有出现明显的生长加速，2 岁后，个子仍比同月龄的宝宝矮一截。

(二) 足月小样儿的饮食安排

对于足月小样儿，家长持续关注宝宝的生长发育很重要，尤其是身高。如果宝宝在 1 岁时，身高还没有追上同龄儿，家长也不要太着急，继续合理安排宝宝的饮食（参考本书相关章节），保证奶类、主食、荤菜等摄入。奶类包括母乳、普通配方奶等。宝宝在 1 ~ 2 岁还可能会出现生长发育的追赶，但需要注意的是，足月小样儿的饮食结构要合理，避免能量摄入不足或过量。如果能量持续过量，会造成宝宝超重或肥胖，反而不利于宝宝发育，给今后发生肥胖埋下隐患。必要时，到医院进行持续随访，在营养医生指导下合理安排宝宝的饮食。

如果已经满 2 岁，身高还是明显落后于同月龄儿童，家长需要重视了。根据世界卫生组织的标准，女孩低于 79.3 厘米，男孩低于 81 厘米，最好到医院内分泌科就诊，以便及时干预。

(三) 补钙可以帮助足月小样儿长高吗？

有的家长认为，足月小样儿之所以没有追上同龄宝宝是缺钙引起的，补钙可以让宝宝长得高，于是拼命给宝宝补钙，结果补了 2 年宝宝还是没有明显长高或追上同龄人。需要指出的是，宝宝长个主要受生长激素影响，而不是靠补钙就能长高的。当然，钙也是人体必需的矿物质，缺乏或不足也会影响发育。

五、提升宝宝免疫力的饮食策略

正是因为我们体内存在强大的免疫系统，才让我们可以抵御各种疾病。免疫系统在维持我们的健康方面立下了汗马功劳。当免疫力降低，我们容易受到病原微生物或自身突变细胞的袭击。人体免疫缺陷（HIV）病毒的可怕之处就是通过破坏患者的免疫细胞让患者机体逐渐失去免疫力。当然，免疫过强或免疫紊乱可能又让我们受到自身免疫系统攻击，如机体过敏或自身免疫性疾病。

免疫功能的构建需要多种营养物质的协同作用，其中较为重要的营养物质有蛋白质、维生素 A、维生素 C、维生素 D、多不饱和脂肪酸、锌、铁以及一些生物活性物质。因此，要想改善自身免疫力，需要多方面的注意。从饮食上来讲，科学饮食，合理膳食，对改善我们的免疫力方面具有不可低估的作用。那么，营养素与免疫功能又有着怎么样的关系呢？

（一）营养素与免疫的关系

1. 蛋白质

蛋白质与免疫器官的发育、免疫细胞的形成、免疫球蛋白的合成密切相关。蛋白质缺乏的人免疫器官（脾、胸腺）发育不良，淋巴细胞数目减少，免疫球蛋白水平下降。富含优质蛋白质的食品包括肉类、鱼类、蛋类、奶类、大豆及制品等。

2. 维生素

当机体缺乏维生素 A 时，皮肤、黏膜的局部免疫力会降低从而诱发感染，淋巴器官萎缩，自然杀伤细胞活性降低、病毒、寄生虫等抗原成分产生的特异性抗体（如 IgA）显现减少。当机体缺乏维生素 D、维生素 E、维生素 C 时，免疫细胞、免疫球蛋白的数量也会减少。

3. 矿物质

机体如果铁或锌摄入不足，可使胸腺萎缩，T 淋巴细胞数量减少，吞噬细胞的杀菌活性降低，免疫球蛋白产生会明显减少。

4. 多不饱和脂肪酸

多不饱和脂肪酸可改变淋巴细胞膜的流动性、影响前列腺素和磷脂酰肌醇的合成，维持免疫力，如果摄入不足，会影响机体的免疫力。

5. 其他生物活性物质

食物中存在许多生物活性物质，具有潜在调节免疫的能力。如香菇、枸杞、金针菇、灵芝、云芝、蘑菇、猴头菇、茯苓、银耳、黑木耳、人参、猕猴桃、螺旋藻等食物中的多糖均能增强免疫功能；另外食物中所含有的茶多酚、大豆皂苷、辣椒素、番茄红素、乳酸菌及发酵产物等也具有调节机体免疫功能的作用。

（二）与机体免疫功能相关的食物

促进免疫功能的食物有：胡萝卜、白萝卜、大蒜、茄子、辣椒、玉米、黑芝麻、花生、核桃、黄豆、生姜、木耳、银耳、蘑菇、海带、大枣、猕猴桃、苹果、山楂、鱼类、肉类等。

（三）影响免疫功能的食物

当然，并非所有食物都具有提高免疫力的作用，有些食物反而可能不利于机体的免疫功能，如油炸食品、烧烤食品、加工肉制品、含盐过多的食品、酒等。当然，也要注意避开会引起过敏的食物。

（四）合理饮食，调节免疫功能

（1）饮食均衡、全面，食物品种要多样化。

（2）多吃新鲜的蔬菜和水果，并注意肉类、蛋类、鱼虾、豆类等富含优质蛋白的食物。

（3）常吃奶类，尤其是酸奶，酸奶中所含的乳酸菌可增强机体免疫功能。

（4）大一点儿童和成人适当吃点大蒜。大蒜是抵抗病毒和细菌的天然活抗体。

（5）食用优质油脂。大多数植物油和鱼油含有丰富的不饱和脂肪酸，而动物油脂含有太多的饱和脂肪酸，不利于健康。而地沟油、"新型地沟油"则有害于我们的健康。

（6）注意富含锌、铁的食物摄入。锌可以促进白细胞繁殖，抑制病毒生长。虽然人群中典型锌缺乏很难见到，只要经常吃肉、鱼等一般都不会缺乏，但是素食人群应警惕锌缺乏。婴幼儿是缺铁、缺锌的高危人群，应注意监测。

（7）孕妇，婴幼儿，急、慢性患者可在医师或资深营养师指导下补充维生素、矿物质及生物活性物质。

（8）摄入充足的水分。

牛初乳能提高宝宝的免疫力吗？

牛初乳顾名思义是母牛生完小牛后 3 天内的乳汁。因富含普通牛奶没有的免疫因子和生长因子，而较受到关注的能提高机体免疫力的一种食品。它能否提高人体的免疫力？

我们人类母乳中的初乳对提高宝宝的免疫力具有重要作用，人类母乳中的初乳中含有丰富的婴儿需要的分泌型免疫球蛋白 A（sIgA），能降低新生儿患感染性疾病的概率。而不同动物的乳汁，都是为各自后代提供营养和保护屏障的，牛初乳中的免疫球蛋白主要为 IgA，而非分泌型免疫球蛋白 A。研究发现，牛初乳中所含的构建人体免疫功能的不饱和脂肪酸、铁、锌等也较少。这提示，牛初乳免疫不能完全满足人体构建免疫系统的需要。

牛初乳属于被动免疫。被动免疫和主动免疫[1]不同，是机体被动接受抗体、致敏淋巴细胞或其产物所获得的特异性免疫能力。它与主动产生的自动免疫不同，其特点是起效快，不需经过潜伏期，一经输入，立即可获得免疫力，但维持的时间较短（母体内的抗体可经胎盘或乳汁传给胎儿，使胎儿获得一定的免疫力）。

因此，宝宝吃了牛初乳，补充了点免疫球蛋白。免疫球蛋白是一种抗体，可以抗病菌感染力。由于是靠外界补充的，不是自身产生的，很快就消失殆尽了。

如何才能提高宝宝的免疫力呢？增强免疫力主要是通过科学饮食，科学营养，加上合理的体育锻炼、免疫接种等综合措施，才能保持良好的抵抗力。卫生部已经明确指出，婴幼儿配方食品中不得添加牛初乳。因此，我们要有理性，而不能盲目依赖牛初乳或某种食品。

---

[1] 主动免疫也称自动免疫，就是机体利用抗原刺激，使机体产生抗体的方法，而非直接自体外引入抗体。可通过疾病病原体本身或通过免疫接种（使用已杀死的或弱化的疫苗或类毒素）产生，如接种卡介苗、乙肝疫苗等。免疫须经几天，几个星期或更长时间才出现，但能长久甚至终生保持，且通过注射所需抗原很容易再活化。主动免疫对随后的感染有高度抵抗的能力。

第四章

3～7岁儿童的饮食安排

不适合儿童吃的零食

1. 含有各类反式脂肪酸（各种面包、蛋糕等）
主要存在于人造黄油，人造奶油的糕点及油炸
零食里。

2. 各类饮料（果汁、奶茶等）
一瓶500毫升的饮料含有能量
大致相当于100克生大米或250克蒸熟米饭的能量。

3. 各种膨化类小零食（薯条、薯片等）
高盐、高糖、高热量、高脂肪以及多味精是
膨化食品的特点。

4. 糖果甜点
糖果类零食是纯热量食品，食用后残留在宝宝牙齿
间隙，经口腔细菌作用，很快就转化为酸性物质。

适合儿童吃的零食

1. 奶类及其制品（牛奶、酸奶、乳酪等）
奶中富含钙、磷、钾等多种营养素也是膳食中钙的
最佳来源。

2. 水果类
水果作为零食能够更好地改善维生素、矿物质、
微量元素摄入不足的情况。

3. 坚果类（果子、花生、瓜子等），含有人体需要
的必需脂肪酸、烟酸、以及多种抗氧化剂等多种营
养成分。

第一节 3～5岁儿童的营养哪里来

一、3～5岁儿童的饮食原则

(一)继续给予奶类

很多家长自己没有喝奶的习惯，也认为孩子不需要喝奶，只要吃好饭就行了。奶类及奶制品营养丰富，是钙、维生素 A、蛋白质等营养素的重要来源之一，也是孩子饮食的重要组成部分。3 岁后，孩子应继续进食奶类，养成终生喝奶的好习惯。当然，不能继续喝奶的则要注意合理安排其他饮食，同时考虑适量补钙。

(二)食物多样性

3 岁的孩子，消化能力和咀嚼吞咽能力较之前提高了很多，有些孩子和大人一样进食各类食物了。为了获取足够的营养，做到营养均衡，妈妈在饮食上尽量让孩子尝试各类食物。如果因为某些疾病需要忌口，在禁忌基础上更要注意食物的多样性，以免食谱过于狭窄，导致营养不良或降低孩子饮食的兴趣。

(三)选择营养丰富、容易消化的食物

选择营养丰富、容易消化的食物对于 3 岁后的孩子来说仍然有必要。这个年龄段的孩子或多或少存在挑食、偏食的行为。因此，妈妈在食物多样性的基础上，选择食物需要有一定的讲究，同类食品应优选营养丰富的，减少或避免那些高能量、低营养的不健康食品。

（四）口味上保持清淡

在这个阶段，儿童的饮食还是和成人要有所区别。烹调中尽量少盐、少糖，用油量适中。菜肴当中可以根据个体情况选择适度的辣椒，但不宜过辣。在烹调菜肴时，可以选用一些天然香料如孜然、胡椒等。不建议经常带孩子外出就餐，在外就餐会让孩子养成重口味。

（五）让孩子养成喝水的习惯

水对我们的健康非常重要，让孩子养成喝水的习惯很有必要。目前，市场上饮用水的产品很多，从健康角度考虑，最好选择白开水或矿泉水。有些孩子不喜欢没有味道的水，可以给他们提供柠檬水或大麦香茶。

（六）养成良好的进食习惯

有些家长经常抱怨孩子不好好吃饭，究其原因往往是孩子的饮食习惯不好。在这个年龄段，有些家长甚至还在给孩子喂饭。因此，培养孩子良好的进食习惯，比让孩子吃多一点还是少一点更重要。良好的饮食习惯包括按时就餐，就餐的环境，有没有电视、手机、游戏干扰孩子主动进食，餐桌上的礼仪等。

（七）合理安排零食

这个年龄段的孩子，往往有了自己的主见，但孩子选择零食，仅仅凭食品的包装和口味，需要家长正确的引导。对于过瘦或肥胖孩子，零食选择上也是有区别的。偏瘦的孩子尽量选择高能量的零食，而已经超重或肥胖的孩子就要对高能量零食进行控制了。

二、3～5岁儿童一日三餐安排

（一）饮食总能量安排

1. 奶类

这个年龄段的孩子，食谱已经非常广泛了，如果妈妈安排合理，营养相对容易达到均衡，但仍然建议继续每日给孩子进食一定量的奶类，可以选择纯奶或鲜奶，平均每日350毫升左右。也许有部分孩子仍然喜欢配方奶的口味，只要家长经济条件许可，也可以继续选择不加糖的配方奶粉喂养，偏食挑食明显的孩子最好选择配方奶。可以每日安排400～500毫升。对于那些偏爱素食的孩子，更要多喝点奶类，确保摄入足够的优质蛋白来满足机体生长发育的需要。

2. 主食

这个时期，孩子餐桌上的主食逐步增多。主食为谷类食物，主要有大米、小麦面粉、小米等，生重约150～170克，相当于一顿100～120克熟米饭，注意粗细搭配，可以少量安排薯类，包括土豆、红薯和山药等。

3. 蔬菜、水果

丰富的蔬菜、水果对孩子的健康也是有利的。蔬菜和水果量分别为150～200克／日，由少到多。有功能性便秘的孩子更要注意多摄入蔬菜和水果。

4. 蛋类、鱼虾、瘦禽畜肉

每天蛋类、鱼虾、海鲜、瘦禽畜肉生重总量加起来在125～150克。瘦禽畜肉可以为50克，每日或隔日1个鸡蛋，或等量其他蛋类，鱼虾、海鲜平均每天50克（生重可食部分）。

5. 植物油

脑及神经系统的发育除需要蛋白质外，还需要不饱和脂肪酸及磷脂，所以幼儿应摄入足够的脂肪以满足不饱和脂肪酸和磷脂的需要，每日植物油15～20克。可以选择大豆油、色拉油、橄榄油、麻油、亚麻籽油、紫苏籽油、核桃油等，你也可以选择调和油或者同时买几种油品自制"调和油"。

6. 调料

盐 3～5 克／日。为了让孩子养成清淡口味，降低食盐的量，需要从家长做起，制作的饭菜兼顾孩子的口味，而不是让孩子适应大人的口味。

7. 餐次安排

重视饮食习惯的培养，让孩子逐步养成良好的饮食习惯，定时、定量有规律的进餐。每日三餐三点，即主餐三次，上下午两主餐之间可以进食奶类、水果，睡前也可以少量加餐。尽量避免甜食及饮料，以及不健康的零食。

三、合理给孩子加餐

（1）面包、馒头、饼干、水果或奶类等，都可作为早餐的有益补充。值得注意的是，对于早上不吃主食的孩子，更要注意在加餐时准备淀粉类食物。

（2）加餐不要影响孩子下一餐的摄入。

（3）加餐可选用三餐吃不到的食物，作为正餐的有利补充，包括奶类、水果、面点等。限制不健康的食物包括甜饮料、油炸食品、加工肉制品等，养成健康、合理的加餐习惯。

（4）对于那些偏瘦或营养不良的孩子，尤其注意安排好加餐，可以选择高能量的食物，包括蛋糕、面包、奶类、肉类等。而对于肥胖的孩子，就要注意控制零食的摄入，包括含糖饮料、油炸食品等，可以选择适量的水果、小西红柿、小乳瓜之类的作为加餐。

选好加餐的零食

对于正在生长发育中3~5岁的孩子，除了吃好正餐，也要有健康适量的加餐。加餐的零食选择合理，就可以达到与正餐互补的效果，给孩子的健康加分。

现如今零食五花八门，让家长们不知如何给孩子选择。而一些零食广告也影响着孩子们对零食的偏好。

很多人以为只有所谓的薯条、薯片、糖果、巧克力等才算零食。其实，零食是泛指正餐之外食用的各种少量食物、水和饮料等。零食有健康的，也有不健康的，需要家长仔细辨别，合理选择。

给孩子选择零食要遵循下面几点：

（1）选择的零食要健康有营养。不能仅仅从口味、外观和孩子喜好而选择。

（2）不选或少选油炸、烧烤、腌制、含糖多、含盐多的零食。

（3）不选含糖饮料，少选或不选果汁，不选含酒精的饮料。

3~5岁的孩子可以常吃的零食包括鲜奶、原味酸奶、坚果、水果；适当食用的零食包括饼干、点心等；尽量不吃的零食：含糖饮料、膨化食品、油炸食品、蛋黄派等；对于已经超重或肥胖的孩子，尤其注意控制油炸食品、巧克力、含糖饮料等零食，尽量选择低脂或脱脂奶、适量的水果，多喝白开水；消瘦的孩子，通过加餐可以摄入纯奶、点心、肉类等补充能量。

合理选择零食，对儿童的健康有着重要影响，但很多家长给孩子选择零食，仅仅从零食的口味或外观上考虑，并没有考虑到营养问题，这样就会让孩子养成吃不健康零食的习惯，造成健康营养的零食失宠。例如，孩子进食了含糖饮料，可能就不喜欢白开水了；喝了酸酸乳之类的饮料，就不再喜欢纯奶类食物了；吃了蛋黄派之类的就不喜欢吃饭了；喝了果汁就不愿意吃水果了……还有的孩子进食过多的零食，直接影响了正餐。

另外，一些零食广告夸大其词的宣传，也在影响孩子。比如一些含乳饮料、乳酸菌饮料的广告，这类含糖饮料营养价值远不如奶品，主要是糖、水和添加剂调制出来的，蛋白质和其他营养素很低，对孩子的健康很不利，喝多了会造成孩子出现偏食挑食，导致孩子营养不良，甚至影响孩子正常发育。

因此，为了孩子的健康，尽量给孩子选择营养健康的零食，远离或限制影响孩子健康的零食，让孩子吃好零食。

第二节 3～5岁儿童的饮食如何安排

一、主食的选择和烹制

满 3 岁以后，孩子基本上可以和大人一样进入餐桌饮食阶段，主食花样更多了，除了普通的馒头、米饭、面条、包子，还可以经常吃点全谷类或杂粮。

（一）全谷类或杂粮

全谷类可以做出全麦面包、全麦馒头、燕麦片、荞麦面条、玉米面窝窝头、糙米饭、黑米饭。

（二）粗细搭配，兼顾健康与美味

通常纯的杂粮口感不好，如玉米面窝窝头，很难下咽，可以通过小麦面粉按照一定比例 1:3 或 1:4 混合做出玉米面小麦面馒头、黑米小麦面馒头，或糙米大米饭、黑米大米饭……既达到粗细搭配，又兼顾了口感。

(三)主食太精细不利于健康

如今，我们习惯了白馒头、白米饭、白稀饭、白面条，很少吃全谷类了，这种过于精细的饮食，会造成维生素、矿物质、膳食纤维等摄入减少，造成隐形饥饿，而过于精细还会造成消化吸收过快，给胰脏[①]造成很多负担，甚至引起血糖波动，给健康带来潜在的威胁。因此，从长远健康出发，增加孩子饮食中全谷类及杂粮的食物，不能吃得过于精细。

主食还可以这样搭配：

早上：黑米面馒头、玉米小麦面粉鸡蛋饼、黑米饭

中午或晚上：糙米[②]+大米饭、黑米+大米饭、大米饭+玉米棒

二、荤菜的选择和烹制

3～5岁的孩子轻松进食荤菜的选择性就更广了，家长需要做到搭配合理、营养适中。每天蛋类、鱼虾、海鲜、瘦禽畜肉生重总量加起来在125～150克。

(一)瘦禽畜肉

瘦禽畜肉平均50克/日，可以做成红烧肉、红烧排骨、炖肉、炖排骨、烧鸡腿、烧鸡块、盐水鸭，以及用肉丝、肉片等搭配成半荤素菜，也可以做成肉包、饺子和馄饨。事实上，很多孩子每日摄入的瘦禽畜肉可能远远超过50克，也有孩子几乎不吃肉。吃肉太多的孩子需要适量控制，这是因为，摄入超过机体所需的蛋白质，而代谢这些多余的蛋白质，会给肾脏增加很大的排泄负担。另外，肉类在

---

① 胰脏中胰岛细胞β细胞，约占胰岛细胞的60%~80%，分泌胰岛素，胰岛素可以降低血糖。缺乏胰岛β细胞将导致糖尿病的发生。
② 可选择市售的发芽糙米。

排泄过程中会带走体内的钙，也容易造成缺钙。摄入过多蛋白质更让人担忧的是，增加肥胖的发病概率。

在我国一些地区有吃火腿、腌肉、腊肠、肉松等习惯。这类深加工的肉类对人体的健康是不利的，所含的维生素在加工过程遭到破坏，而且在加工过程中还会添加不利于健康的亚硝酸盐等添加剂。因此，不建议经常给孩子吃深加工的肉类。世界卫生组织于 2015 年将火腿、培根等加工肉制品列入一类致癌物（对人类确定致癌）。每天食用 50 克加工肉制品，患结肠癌的风险增加 18%。

（二）鱼虾类

平均每日 25 ～ 50 克，最好每周有 1 ～ 2 次海鱼，来获取较多的 DHA。家长可以尽量选择刺少的鱼，如鲈鱼、黑鱼等，也可以将鱼肉做成鱼丸等。

三、蔬菜的选择和烹制

（一）如何挑选孩子爱吃的蔬菜

对于 3 ～ 5 岁的孩子，咀嚼和消化能力已明显增强，可以进食几乎所有蔬菜。含纤维素较多蔬菜如韭菜、芹菜等，还是需要切碎一点，用韭菜、芹菜可以做成包子或饺子，美味且便于消化。

从营养角度上，建议多给孩子选择营养价值高的深绿色蔬菜。其中，新鲜绿叶蔬菜的营养价值很高，富含维生素 C、叶酸、β - 胡萝卜素、钙、钾、镁、膳食纤维等。这类蔬菜中还含有潜在的抗氧化、抗炎、抗肿瘤等成分。绿叶蔬菜包括：青菜、生菜、菜秧、菠菜、韭菜、香菜、芹菜叶、茼蒿、莜麦菜等；每日摄入的蔬菜最好能有一半的绿叶蔬菜。

营养价值较高的深色蔬菜还包括西红柿、西兰花、胡萝卜、生瓜、茄子、彩椒等；而颜色浅的白菜、花菜营养价值也不错；而黄瓜、冬瓜、白萝卜、茭白等营养价值相对没有深绿色蔬菜高，但也是可以适量给孩子吃的。

（二）如何让孩子爱上蔬菜

虽然蔬菜与我们的健康息息相关，但并不是每个孩子都喜欢吃蔬菜。很多妈妈为孩子不吃蔬菜头疼不已，如何让孩子喜欢上吃蔬菜？

1. 孩子为什么不喜欢吃蔬菜？

（1）妈妈挑食会影响到孩子挑食。从胎儿期，胎儿就能通过羊水品尝到妈妈摄入的食物味道。准妈妈的饮食，有可能会影响到宝宝出生后的饮食习惯。孕期挑食的妈妈，宝宝出生后可能也会出现挑食的现象。

（2）婴儿期辅食引入不当。婴儿期，到了添加辅食的时候，就要逐步引入各类辅食，让宝宝品尝多种蔬菜，如果引入蔬菜种类过少，也会容易造成宝宝对蔬菜挑食。

（3）不喜欢一些蔬菜的口感和味道。由于蔬菜种类多，孩子可能会不喜欢一些蔬菜的口感和味道。有的孩子不喜欢吃韭菜，觉得吃了韭菜嘴里味道很大；有的孩子不肯吃胡萝卜，觉得味道很怪，难以下咽。其实，只要孩子有几种爱吃的蔬菜，也是不错的，一定程度上容许孩子"爱憎分明"。

（4）烹调蔬菜的厨艺不佳。烹调方式不当，也会导致宝宝讨厌吃蔬菜，有的孩子不喜欢妈妈炒的蔬菜，但愿意吃饭店里做的，原来是妈妈的厨艺不佳，炒的菜让孩子没有食欲。所以，要想让孩子爱上吃蔬菜，妈妈们除了要有过硬的厨艺，还要开动脑筋多想一些蔬菜的菜式。

2. 如何让孩子爱上吃蔬菜？

（1）家长以身作则，做好榜样，引导孩子养成吃蔬菜的习惯。这样有利于帮助孩子改变对蔬菜的态度。

（2）给孩子讲讲每种蔬菜的故事。家长还可以通过讲故事让孩子认识每种蔬菜及蔬菜背后的故事，以及吃蔬菜对人体的益处。

（3）让孩子走进蔬菜。家长可以带孩子去菜市场或菜园子去认识蔬菜，或亲自带孩子一起种蔬菜，让孩子对蔬菜产生一定的兴趣。

（4）不断开动脑筋，提高厨艺。有些家长为了让孩子喜欢吃蔬菜，将蔬菜做好以后，摆出各类造型，吸引孩子的注意。

（5）部分蔬菜当零食。对于吃蔬菜非常少的孩子，加餐时可以生吃点小西红柿、圣女果、千禧果、小乳瓜等。

隔夜的蔬菜不要吃

绿叶蔬菜含硝酸盐比较高，加热或放置一段时间后，在细菌作用下，就会产生亚硝酸，在体内转化成亚硝胺，亚硝胺是已经被明确的致癌物。建议蔬菜（尤其是绿叶蔬菜）一定要当天吃完，不要放置到第二天再食用，更不要给孩子吃隔夜的绿叶蔬菜。

四、水果的选择

水果中含有糖类、钾、维生素C、膳食纤维以及植物黄酮类，不但可以满足我们对甜食需求，还可以为机体提供能量及多种营养素。水果中含有的膳食纤维可以为肠道有益菌提供"粮食"，对预防便秘有利。水果中黄酮类等植物化学物具有潜在的抗氧化、抗肿瘤、延缓衰老等功效。

水果种类很多，不同的水果营养价值有所区别，有的水果含有丰富维生素C，如猕猴桃、鲜枣、草莓、橘子等，有的水果含维生素C很少，如苹果、香蕉、梨等，有的水果含有丰富的钾如香蕉等。因此，给孩子安排水果要注意经常变换花样，每日安排1～2种。如果想让全家人吃到各类水果，可以将几种水果切成块，做成水果拼盘。

天气冷时，可以将水果用微波炉加热，也可以将部分水果如苹果、梨等切成块煮着吃，一般营养素损失也不大，还别有一番风味。

水果对健康具有重要作用，但需要注意的是，不要过量贪吃。另外，有人喜欢将水果榨汁给宝宝喝，这种做法也不可取。水果是健康食品，而果汁就不够健康了。水果榨汁水果中的维生素C等营养物质被破坏，膳食纤维有可能会被弃去。水果榨汁后，果汁在人体内升糖速度大大加快，给胰脏带来负担。且果汁容易喝多，来不及消耗就储存起来了。果汁中的果糖在肝脏里代谢，会转化成脂类。因此别用果汁代替水果。

五、3~5岁儿童食谱举例

(一) 3~5岁儿童每日食物种类 (表4-1)

表4-1　3~5岁儿童每日食物种类

食物	食物分配
奶类	液态奶350毫升、或者配方奶粉400~500毫升
主食	小麦粉、大米125克、小米、糙米或黑米25克 薯类：土豆100克或红薯100克
荤菜	鸡蛋50克、瘦猪肉50克、鱼虾25克
水果	150克
植物油	橄榄油或菜籽油10克、芝麻油或亚麻籽油10克

(二) 3~5岁儿童一日食谱举例 (表4-2)

表4-2　3~5岁儿童一日食谱举例

餐次	食谱举例
早餐	牛奶200毫升、煮蛋1个、小花卷或小馒头1~2个
早点	香蕉1根、或少量饼干、面点等
午餐	二米饭（大米、黑米，生重50~60克）、西红柿炒蛋或肉丝炒彩椒、蒜泥炒茼蒿或炒白菜、清蒸鲈鱼

（续表）

餐次	食谱举例
午点	香蕉（半根～1根）、少量饼干、面点等或酸奶100毫升
晚餐	芹菜猪肉水饺或虾仁荠菜馄饨或青菜肉丝面条
晚点	奶类100毫升

（三）3～5岁儿童一周食谱举例（表4-3）

表4-3　3～5岁儿童一周食谱举例

星期	早餐	加餐	中餐	加餐	晚餐	加餐
周一	牛奶 营养菜粥 鸡蛋菜饼	苹果 小馒头	米饭 肉末烧豆腐 生瓜炒牛柳 紫菜蛋汤	橙子 板栗饼	小米大米饭 红烧猪心 醋熘土豆丝 西红柿蛋汤	奶类
周二	牛奶 卤鸡蛋 葱花卷	芒果	米饭 红烧鸡大腿 肉末烧茄子 菌菇木耳汤	橘子 南瓜饼	豇豆肉丝焖面 平桥豆腐羹	奶类
周三	牛奶 肉末蒸蛋 五彩花卷	哈密瓜 牛奶	米饭 水煮鱼片 肉片烧西兰花	火龙果 酸奶	韭菜猪肉水饺	奶类
周四	紫薯小米粥 胡萝卜牛肉包	苹果 牛奶	米饭 银鱼蒸蛋 香菇炒小青菜 木耳排骨汤	香蕉奶昔 芝麻酥饼	虾仁荠菜馄饨	奶类
周五	千层饼 煎鸡蛋 大麦山药粥	千禧果	小米大米饭 水煮肉片 西红柿炒鸡蛋 白菜豆腐汤	牛奶 纸杯蛋糕	扬州炒饭 青菜豆腐羹	奶类
周六	萝卜丝肉馅饼 八宝粥	牛奶	米饭 藕肉丸 炒生菜 冬瓜汤	猕猴桃 酸奶	肉丁豇豆丁炒饭 西湖牛肉羹	奶类
周日	青菜鸡蛋面条 牛奶	甜瓜 小面包	生瓜西红柿肉 片炒面	酸奶	米饭 清蒸鲈鱼 平菇炒鸡蛋 大白菜汤	奶类

第三节 3～5岁儿童喂养答疑

一、给孩子选择什么样的奶类

3 岁孩子的饮食已基本过渡至成人模式。有的家长认为孩子不用再进食奶类了。现阶段，虽然奶类在孩子饮食中不占主要部分，但属于重要的组成部分。牛奶等奶制品营养价值高，富含优质蛋白、脂肪、糖类、维生素 A、钙等，奶类所含的钙吸收好，是钙的良好来源。

（一）宜选择的奶类

奶粉、巴氏消毒奶（鲜牛奶）、高温消毒奶（纯牛奶）、酸奶、奶酪。

奶粉包括配方奶、全脂奶粉、脱脂奶粉等，其中配方奶强化了多种营养素，营养比普通鲜牛奶要好，也有的配方奶为改善口感，添加了糖。

鲜牛奶经过巴氏消毒就可以喝了，其保质期短，营养价值相对较高。超高温消毒的奶制成的纯牛奶，保质期相对较长，适合保存，营养价值也不错。

酸奶为牛奶发酵而成，其中蛋白质部分被分解为游离氨基酸和短肽，乳糖被分解为乳酸，更容易消化吸收，特别适合乳糖不耐受症的孩子。

奶酪与酸奶类似，是发酵的牛奶制品，味道独特，也深受青睐，但由于制作工艺的原因，会含有较多的盐。

市售奶品中还有一种"儿童牛奶"。其实，国家对于奶品分类的标准中并没有关于"儿童牛奶"的定义，也没有统一的生产检测标准规范，仅是企业自定义的一种概念。这类奶含有的蛋白质比普通奶品高，还会强调添加维生素 D 或 DHA 等，但儿童牛奶最大的问题往往是加了糖。长期喝含糖奶类，容易导致龋齿和肥胖的发生，不利孩子的健康成长。

对于 3 岁以后的孩子，可以选择鲜牛奶或纯牛奶，也可以选择酸奶或奶酪作为奶类食品的补充。当然，愿意继续选择配方奶的可以继续配方奶喂养。

（二）不宜选择含乳饮料

含乳饮料的包装上标有"饮料"、"饮品"、"含乳饮料"等字样。配料中一般只含 1/3 鲜牛奶，辅以水、甜味剂和果味剂等添加剂，其蛋白质含量一般在 1% 左右。其与巴氏杀菌乳、灭菌乳和酸牛奶等真正意义上的牛奶是不同类型的饮品，营养成分相差甚远，家长选购时不可混淆。

牛奶营养好，也不能超量

有的孩子一天能喝 1 000 毫升牛奶，1 000 毫升纯牛奶的能量大约为 2 510.4 千焦，几乎是这个年龄段孩子一天需要的总能量的一半，加上其他饮食，饮用过多牛奶非常容易造成能量过剩。对于爱喝奶的孩子，一方面需要限制孩子总奶量的摄入，另一方面，如果孩子已经超重或肥胖了，就需要选择低脂奶或脱脂奶了。

二、孩子食物过敏怎么办

在第三章我们介绍了 3 岁以下幼儿对牛奶蛋白和鱼虾过敏，其实能引起食物过敏的食物远不止牛奶和鱼虾肉。

（一）什么是食物过敏？

食物过敏也称为食物的超敏反应，是指所摄入食物中的某些蛋白质成分，作为抗原诱导机体产生免疫应答而发生的一种变态反应性疾病。

简单地说，食物过敏就是当进食或接触食物时，机体会把这种物质当做入侵者，同时产生一种抗体，当再次接触这种物质后，身体会发出指令通知免疫系统释放组胺对抗"入侵者"，进而引发一系列临床症状。

（二）哪些食物容易引起过敏？

引起食物过敏的食物约有 160 多种，但常见的致敏食物可分为以下几类：

（1）牛奶及奶制品。

（2）蛋及蛋制品。

（3）花生及其制品。

（4）大豆和其他豆类以及各种豆制品。

（5）小麦、大麦、燕麦等谷物及其制品。

（6）鱼类及其制品。

（7）海鲜类及其制品。

（8）坚果类（核桃、芝麻等）及其制品。

（9）其他。有刺激性气味的食物和调味品，如葱、蒜、洋葱和辣椒等，以及水果类，如菠萝、草莓和芒果等，也会引起机体过敏。

（三）食物过敏有哪些症状？

大部分食物过敏属于速发型过敏反应，一般发生在进食后几分钟到 1 小时内，严重者可在 1 分钟内就发生过敏性休克；迟发型过敏反应则需要几小时或 1 天以后，有的甚至 2 ~ 3 天后才发生过敏反应。

食物过敏反应的特定症状和严重程度受摄入的过敏原的量以及过敏者敏感性的影响。食物过敏是累及多个系统的一种疾病，包括：①消化系统：恶心、呕吐、腹胀、腹痛、肠道出血、便秘、腹泻、便秘和腹泻交替、胃食管反流等；②皮肤系统：红斑、瘙痒、荨麻疹、皮肤干燥、眼皮水肿、嘴唇肿胀等；③更加严重的过敏性反应可以导致休克、血压骤降、脉搏增加、失去意识甚至死亡。

(四) 孩子食物过敏怎么办？

当孩子吃了引起过敏的食物后，可以在医生指导下服用抗组胺药处理；过敏严重的孩子需要注射肾上腺素，但这些都不能治愈食物过敏，目前受关注的"脱敏疗法"还没有完全进入临床应用阶段。此时，预防食物过敏才是最根本的原则。

1. 食物回避

预防食物过敏者发生食物过敏的唯一方法是避免食用含有过敏原的食物。为了弄清楚过敏原是什么，需要家长在生活中仔细观察，当孩子在吃了某种食物后发生过敏现象，应该停止进食这种食物一段时间，观察过敏的症状有没有改善，初步判断这种食物是否是过敏原，或者借助医院实验室的检查手段，如皮肤点刺和血清学检查，找出食物过敏原，一旦确定食物过敏原后应严格避免再进食。

2. 替代疗法

即用其他的食物代替过敏的食物，比如对牛奶过敏的孩子可以改喝豆奶。

3. 加热方法降低过敏

部分生食物比熟食物更易引起过敏，烹调和加热可使大多数食物抗原失去致敏性，所以可以通过加热等方式降低过敏的发生。

食物过敏≠终身禁食

随着年龄的增长，大多数患儿的过敏症状会减弱或消失，这是因为患儿胃肠道日益发育成熟，或者长期回避某种过敏原后形成了耐受。例如，很多孩子在婴儿期对牛奶蛋白过敏，但1岁以后多数都耐受了。

如果较长时间禁食太多的食物，可能造成营养不良或饮食障碍。所以，对于牛奶、鸡蛋等营养丰富的食物发生过敏以后，禁食一段时间如3～6个月，可再次少量尝试添加，仔细观察有无过敏症状发生。若无，则提示机体可能已经对这种食物产生耐受了，可以继续食用了。

三、儿童性早熟与饮食有关吗

（一）关于性早熟

性早熟是儿童常见的内分泌性疾病，2010年卫生部发出的《性早熟诊疗指南（试行）》中明确给出了性早熟的概念，是指女童在8岁前，男童在9岁前呈现第二性征发育的异常性疾病。

一般分为中枢性性早熟和外周性性早熟，相当于以往的真性性早熟和假性性早熟。在中枢性性早熟中，有一种"不完全性中枢性性早熟"，是指患儿有第二性征的早现，最常见的类型为单纯性乳房早发育，《性早熟诊疗指南（试行）》称，若发生于2岁内女孩，可能是由于下丘脑——性腺轴处于生理性活跃状态，又称为"小青春期"。

各种婴幼儿性早熟事件，比如"奶粉疑致婴儿性早熟"事件，经卫生部检验证明，被报道的武汉性早熟婴儿为假性性早熟，与奶粉无关。这同时也说明一点，医务工作者在判断"性早熟"时要谨慎，在原因不明确的情况下，不能贸然断定性早熟是由于吃某种食物而引起。

（二）肥胖的孩子容易性早熟

大多数性早熟的孩子都同时存在营养过剩的情况，研究表明，肥胖女童更容易发生性早熟，而肥胖对男童性发育有无影响目前仍然存在争议。

流行病学研究表明，与正常体质指数（BMI）女童相比，肥胖女童的乳房发育和月经初潮的年龄提前，高 BMI 的女童月经初潮平均年龄为 10.2 岁，比正常 BMI 的女童要提早 10 个月，这可能与肥胖女童产生雌激素较多有关系。肥胖女孩体内瘦素①水平高，瘦素不仅能参与机体能量代谢，而且还调节内分泌变化。

（三）环境中的内分泌干扰物不容忽视

环境内分泌干扰物，我们可以理解为环境激素，由于人类的生产和生活活动，如工业洗涤剂和农业农药的大量使用，这些污染物流入生态系统后，以外源性干扰物的形式影响人类的生殖能力和免疫功能等。

土壤、水和包括植物在内的各种食物中长期残留和蓄积类激素污染物，当这些环境激素直接或间接被摄入人体并在体内长期大量蓄积后，会导致儿童生殖发育异常。

由此看来，导致婴幼儿和儿童性早熟的因素很复杂，而饮食只是其中的一种可能因素，所以实在没有必要为了避免孩子发生性早熟而限制某种食物。

预防孩子性早熟必须避免肥胖、合理安排饮食很重要，谷物、蔬菜水果、肉蛋奶合理搭配，减少油炸类食品的摄入，不要以为高蛋白质的食物才是好食品。

食物没有绝对的好坏之分，再营养丰富的食物，过量就成为"坏"食物，所以饮食讲究适量很重要。

提醒，不要随便给孩子吃各种补品，那些所谓补品或许就是导致孩子性早熟的元凶。

四、出现生长痛需要补钙吗

经常会有家长询问为什么孩子会说"腿痛"，排除器质性疾病后，发现原来

---

① 瘦素是首个被发现的主要由脂肪组织（脂肪细胞）产生的激素。瘦素主要作用于中枢神经系统，尤其是下丘脑，影响食物摄取。肥胖者比瘦者具有更高的血清瘦素水平。然而肥胖者升高的血清瘦素并不会减少食物摄入，体重增加可能是由于中枢神经系统对瘦素的敏感性降低。

的所谓的"腿痛"是生长痛。

（一）为什么会出现生长痛？

生长痛大多是因孩子活动量较大、长骨生长较快，与局部肌肉和筋腱的生长发育不协调等而导致的生理性疼痛。多为下肢肌肉疼痛，夜间出现疼痛的机会更大。

发作时表现为单腿或双腿疲劳或隐隐作痛，重者可出现疼痛剧烈。一般每次发作的时间不长，少则几秒，多则几个小时。双腿外表没有异常表现，疼痛过后一切正常。去医院检查，X 射线等检查正常。

（二）生长痛需要补钙吗？

很多家长误认为生长痛是由于缺钙造成。其实生长痛，与缺钙关系不大，但对于生长发育的孩子来说需要摄入充足的钙。在没有禁忌的情况下，每日最好给孩子进食 400 ~ 600 毫升的奶制品。

（三）合理安排营养

孩子出现生长痛，提示骨骼正常发育，需要注意孩子的饮食安排，营养要均衡，注意奶类、肉类、蔬菜和水果等的摄入。

（1）奶类是钙的良好来源，建议每日摄入 400 毫升左右的纯牛奶，已经超重或肥胖的孩子可以选择低脂奶或脱脂奶，这样可以获得孩子每日所需一半左右的钙。

（2）注意绿叶蔬菜、豆腐、芝麻酱等含钙丰富的食物的摄入，可以获得较多的钙和其他营养素。

（3）注意肉类、鱼虾、蛋类摄入，以获得丰富的蛋白质，为机体发育提供优质蛋白。

（4）冬季注意补充维生素 D 制剂。有研究提示，3 岁的学龄前儿童，体内维生素 D 不足的发生率很高，部分孩子处于缺乏状态，尤其在冬季户外活动较少时。

提醒：建议3岁以后的孩子在冬季继续补充维生素D制剂，以免进一步造成缺钙问题。维生素D缺乏还会降低机体免疫力，这个阶段的儿童也会有维生素D缺乏的风险。

第四节 5~7岁儿童的营养哪里来

孩子到了 5 ~ 7 岁，生长速度开始减缓，身体各器官持续发育并逐渐成熟。很多孩子已经上幼儿园中班或大班，有的开始上小学一年级了。活动量和营养的消耗比幼儿时期增加了很多。因此，家长一定要注意合理安排饮食，同时，也要让孩子建立良好的进食习惯。良好的饮食习惯有益于孩子一生的健康。

一、5~7岁儿童的饮食原则

（一）食物多样性，吃好主食

此时，孩子处于生长发育阶段，活动量较多，尤其是男孩子，新陈代谢较快，对于营养素的需要相对成人高。

在菜肴上家长一定要注意食物多样性，不能单靠某类食物来获得身体所需的营养素。由于谷类食物是我国膳食饮食的主要部分，因此，要让孩子吃好主食。好的主食主要为谷类，包括面粉做的馒头、面条、煎饼、面包等，还包括米饭、粥类等。最好能吃点全谷类或杂粮，如全麦馒头、全麦面包、黑米饭、八宝粥等。

（二）重视早餐的营养搭配

很多家长为了赶着上班，早餐吃得很马虎，连带着孩子也吃喝不好，或者在小摊上随便给孩子买点什么吃吃，就应付过去了。一日之计在于晨，早晨是一天活动的开始，准备一顿营养丰富的早餐对孩子一日的活动和健康非常重要。

丰富的早餐包括主食、肉类、蛋类、蔬菜及水果等，这些食物可以提供孩子一日营养所需的部分碳水化合物、蛋白质、脂肪、维生素和矿物质等。例如早餐可以准备 1 杯牛奶、1 个鸡蛋、2 个菜包、1 个小苹果、2 个核桃。

也有些家长虽然重视孩子的早餐，每天给孩子准备 1 杯牛奶，2 个鸡蛋，作为早餐，却忽视了主食。主食在体内可以转化成葡萄糖，而大脑主要靠葡萄糖提供能量。如果早餐中没有主食，吃的蛋白质可能会转化成葡萄糖来满足大脑的能量需要，这就造成了不必要的"浪费"。另外，蛋白质在代谢过程中产生不少废物需要排除体外，而主食的最终代谢产物一般为水和二氧化碳，非常"环保"。

（三）多吃新鲜蔬菜和水果

前面说过很多，蔬菜水果中有很多营养，不但能够提供维生素、矿物质，还能为肠道有益菌提供"粮食"。蔬果中的膳食纤维，还具有潜在的抗氧化、抗肿瘤的成分。有些家长因为孩子不爱吃蔬菜，就用水果替代。其实，蔬菜和水果的营养各有不同，不能用一种来代替另一种。

（四）优质蛋白质不可少，继续进食奶类

鱼、禽、蛋、瘦肉等动物型食物，它们是优质蛋白质、脂溶性维生素和微量元素的良好来源。这些食物中氨基酸组成更适合人体需要，如海鱼类等海产品含有丰富的多不饱和脂肪酸、DHA 等，对孩子的大脑发育有利；畜肉类如猪肉、牛肉、羊肉含有丰富的铁、锌、B 族维生素等，但这些肉类，往往含有较多的饱和脂肪，不可贪吃。否则，会造成能量摄入过多，导致超重或肥胖等问题。奶类含有优质蛋白质，更重要的是，含有丰富的钙，钙的吸收率高。因此，孩子应继续进食奶类，但要根据具体情况来选择。

二、5～7岁儿童一日三餐安排

（一）饮食总能量安排

1. 奶类

这个阶段，孩子的饮食相对容易达到均衡了，建议继续进食一定的奶量，一般选择纯牛奶或鲜牛奶，平均每日 350 毫升左右。对于摄入肉类、鱼类或蛋类较少的孩子，可以多喝点低脂或脱脂奶类，确保摄入足够的优质蛋白质来满足机体的需要。

2. 主食

过了幼儿期，主食需要量逐步增多。主食为谷类食物，主要有大米、小麦面粉、小米等，生重大约 200 ～ 225 克，相当于一顿 150 克熟米饭，需要注意粗细搭配。也可以少量安排点薯类，包括土豆、红薯和山药等。需要注意的是，如果孩子摄入较多的肉类、油脂以及能量较高的零食，主食摄入可能偏少。

3. 蔬菜、水果

这个时候蔬菜分别可以为 200 ～ 300 克，由少到多。功能性便秘的孩子更要注意摄入蔬菜。

水果最好在 200 ～ 300 克。有些爱吃水果的孩子，一次能吃 1 000 克以上，有的孩子几乎不吃水果。需要指出的是，水果摄入过少或过多对健康都不利。对于已经超重或肥胖的孩子尤其要注意适量食用水果。

4. 蛋类、鱼虾、瘦禽畜肉

每日蛋类、鱼虾、海鲜、瘦禽畜肉生重总量加起来在 125 ～ 150 克。瘦禽畜肉可以为 50 克，每日或隔日 1 个鸡蛋，或等量其他蛋类，鱼虾、海鲜平均每日 50 克（生重可食部分）。

5. 植物油 15 ～ 20 克

脑及神经系统的发育除需要蛋白质外，还需要不饱和脂肪酸及磷脂，所以幼儿应摄入足够的脂肪以满足大脑及神经系统发育的需要。可以选择菜籽油、大豆油、色拉油、橄榄油、麻油、亚麻籽油、紫苏籽油、核桃油等，也可以选择调和油或者同时买几种油自己来"调和"。

6. 调料

盐 3 ～ 5 克／日。让孩子养成清淡口味，降低食盐的量，需要从家长做起，制作的饭菜兼顾孩子的口味，而不是让孩子适应大人的口味。

7. 餐次安排

重视饮食习惯的培养，让孩子逐步养成良好的饮食习惯，定时、定量有规律的进餐。每日三餐三点，即主餐三次，上下午两主餐之间可以进食奶类、水果，睡前也可以少量加餐。避免甜食及饮料，以及不健康的零食。

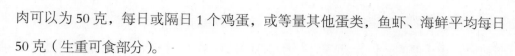

第五节 5～7岁儿童的饮食如何安排

一、培养孩子良好的进餐习惯

5 ～ 7 岁孩子，具有自己的主观意识，进餐时容易分心，容易出现饮食不规律，进餐时间还在玩，不专心吃饭；进餐时间过去了，孩子感觉又饿了，又进食过多的零食。零食吃得多，导致正餐摄入较少，饮食结构不合理，出现营养摄入不均衡，培养孩子养成良好的饮食习惯，进餐时不挑食、不偏食对孩子今后的健康非常有利。

参考《中国居民膳食指南》学龄前儿童膳食指南，建议家长们：

（1）合理安排孩子的饮食，一日三餐加1～2次加餐，定时定点、定量用餐，避免暴饮暴食。孩子饭菜要可口，考虑营养的同时还要结合孩子的饮食习惯。

（2）饭前不要进食过多的零食，如油炸薯条、糖块等。

（3）饭前洗手、饭后漱口，吃饭前不做剧烈运动。孩子剧烈运动后，到了吃饭时间可以先稍微休息一下，喝点水，然后再就餐。

（4）养成自己吃饭的习惯，让孩子自己使用餐具，培养孩子自己进食的自信心和独立能力，家长不能因为孩子吃饭稍微慢了或者进食时弄脏衣服而责骂孩子，鼓励孩子自己用餐。

（5）把吃饭当做一件重要的事情，不要边吃饭边看电视或边吃边玩。家长必须先自己做到，树立好榜样。

（6）吃饭要控制好速度，细嚼慢咽，但也不能拖延太长时间，最好在30分钟内吃完饭。很多孩子进食过快，导致进食过多，久而久之发生超重或肥胖。而有的孩子吃饭速度太慢，超过1个小时，甚至没有吃饱就停止进食了，时间长了可能会发生营养不良。

（7）孩子的碗筷最好是单独的，避免交叉感染。同时，为了让孩子对吃饭感兴趣，可以使用卡通餐具，当然也要考虑餐具的质量和安全问题。

（8）要清楚孩子一餐大约吃多少，避免摄入过少或过多。不要给孩子盛太多，尤其是已经超重或肥胖的孩子，注意孩子的进食量以及菜肴的营养搭配。

（9）不要经常吃汤泡饭，或者就餐时喝太多的汤汤水水，以免造成消化酶的稀释，影响食物的消化和吸收，尤其是对于消瘦的孩子。

（10）不应将食物作为孩子完成某项任务的奖励，家长以身作则、言传身教，做好表率，帮助孩子养成良好的饮食习惯和行为，使孩子受益一生。

（11）注意口腔卫生，饭后漱口，睡前刷牙，预防龋齿。很多家长老是觉得孩子口气重，多数还是跟口腔卫生不好有关系，导致食物残渣在口腔内腐败变质，产生明显的异味。

二、正确选择零食

零食是孩子正餐外的有益补充。因孩子胃容量小，肝脏中糖原储备不多，加上孩子好动，容易出现饥饿。为了让孩子在三餐之外补充能量，家长就要做好加餐，正确选择零食。这儿所说的零食，主要是指正餐之外所进食的食物和饮料。

(一)选择合适的饮品

由于孩子代谢旺盛，活动量大，要注意给孩子补充水分，可以选择白开水、矿泉水，尽量不喝甜饮料。甜饮料往往不能降低孩子的饥饿感，但却给胰脏增加负担，同时带来龋齿、肥胖的麻烦。在临床上，导致孩子肥胖的原因之一就是进食较多的甜饮料。有的孩子，还患上了2型糖尿病，很多家长后悔莫及。当然，偶尔喝点甜饮料也不是不可以，最好选择相对健康的果蔬汁。有的孩子不愿意喝白开水，可以选择柠檬水或大麦香茶之类的。

(二)多选择营养丰富的食品

在选择零食时，多选营养丰富的食品，如纯牛奶、酸奶、鸡蛋、汤汁包、豆浆、水果、坚果等作为三餐的有利补充。

(三)少选或不选油炸食品、糖果及甜点

尽量少选或不选择油炸食品、糖果及甜点。油炸食品之所以不健康，一方面在高温下，食品中的B族维生素遭到破坏，另一方面还会产生有毒有害物质，如某些致癌物，尤其是使用普通的大豆油等含不饱和脂肪酸较多的油炸食品，尽量

不要食用或少食用。

(四) 谨慎进食花生米、干黄豆、果冻等

这个年龄段的孩子可以进食坚果类的零食了，但是考虑到孩子右侧支气管比较垂直，不建议给孩子吃花生米、干黄豆等颗粒零食，以防异物呛入气管发生窒息。果冻类零食也很危险，有孩子因为进食果冻时，食物呛入气管而导致窒息。

三、5~7岁儿童食谱举例

(一) 5~7岁儿童每日食物种类 (表4-4)

表4-4 5~7岁儿童一日食物种类

食物	食物分配
奶类	纯奶250毫升、酸奶100毫升
主食	小麦粉50克、玉米或其他杂粮面25克、大米75克、小米、糙米或黑米50~75克、土豆100克或红薯100克
荤菜	鸡蛋50克、瘦猪肉50克、鱼或虾25~50克
蔬菜	绿叶蔬菜200克、瓜类蔬菜100克、菌菇类25克
水果	橘子100克、苹果50~100克
植物油	橄榄油或菜籽油10克、芝麻油或亚麻籽油10克
其他	坚果30克

(二) 5~7岁儿童一日食谱举例 (表4-5)

表4-5 5~7岁儿童一日食谱举例

餐次	食谱举例
早餐	牛奶200毫升、鸡蛋香葱饼（1个鸡蛋，面粉50~75克等）

（续表）

餐次	食谱举例
早点	香蕉1根、或少量饼干等
午餐	二米饭（大米+黑米，熟重110~130克）、生瓜炒肉片、芝麻酱拌焯水菠菜或青菜、红烧鸡腿
午点	苹果（200克）、少量饼干、面点等或酸奶100毫升
晚餐	韭菜香菇猪肉水饺、虾仁荠菜馄饨或西红柿土豆肉末炸酱面

（三）5~7岁儿童一周食谱举例（表4-6）

表4-6　5~7岁儿童一周食谱举例

星期	早餐	加餐	中餐	加餐	晚餐
周一	八宝粥 鸡蛋 萝卜丝肉包	苹果 牛奶	米饭 土豆烧鸡块 西红柿炒鸡蛋 菠菜豆腐羹	酸奶	小米大米饭 水煮鱼片 蒜泥生菜 紫菜蛋汤
周二	牛奶、卤鸡蛋 花卷 拌小菜	芒果	米饭、盐水虾 炒生瓜片 冬瓜排骨汤	千禧果	芹菜猪肉水饺 韭菜猪肉水饺
周三	牛奶 鸡蛋胡萝卜丝 饼、炒土豆丝	猕猴桃	米饭 干切牛肉 鱼香肉丝 菌菇木耳汤	火龙果 酸奶	肉丝蒜薹炒面 肉丝豇豆焖面
周四	豆腐脑 五香茶叶蛋 千层饼	桃子 葡萄 牛奶	虾仁荠菜馄饨	香蕉奶昔	米饭、清蒸鲈鱼 香菇炒菜心 萝卜丝汤
周五	紫薯小米粥 鸡蛋饼	圣女果 酸奶	小米大米饭 银鱼蒸蛋 白菜豆腐汤	西瓜 牛奶	胡萝卜肉丁炒饭 西红柿蛋汤
周六	煮嫩玉米 煮鸡蛋 南瓜小米粥	牛奶	米饭、卤鸡胗 木须肉 猪肝菠菜汤	猕猴桃 酸奶	肉丁豇豆丁炒饭 平桥豆腐羹
周日	馄饨 牛奶	葡萄 橘子 小面包	炸酱面	酸奶	米饭、水煮肉片 拌黄瓜丝、萝卜丝 炒木耳

第六节 5～7岁儿童喂养答疑

一、挑选零食常陷哪些误区

零食是我们饮食的一部分，很多情况下，我们通过吃零食来达到满足口福，体现休闲获得幸福感。零食对正在生长发育中的孩子显得尤其重要。如今市场上的零食琳琅满目，选择美味又健康的零食需要家长拥有一双"火眼金睛"，辨别零食中的"陷阱"，选择适合孩子的健康零食。

（一）"不"含反式脂肪酸的食物

摄入过多的反式脂肪酸会有害我们的健康，增加心血管疾病的发病率。反式脂肪酸主要存在于人造黄油、人造奶油的糕点及油炸零食里。因为我们常用的植物油含有不饱和的脂肪酸，不饱和脂肪酸不稳定，容易氧化变质，导致气味及口味改变。显然我们不会购买难闻难吃的零食，为了解决这一问题，生产商通过一定的工艺将不稳定的油通过氢化过程，变成稳定的油（将油脂中的不饱和脂肪酸转化成饱和脂肪酸），用于零食的加工及保存，这样既有利于零食保存又有利保持零食的口感，但油脂氢化过程中，可能会产生反式脂肪酸。因此，我们应尽量避免或减少选择含有较多反式脂肪酸的食品如奶油、奶茶、沙拉等的摄入，尤其是儿童。

很多商家知道我们不喜欢"反式脂肪酸"，通过改善工艺来减少或避免反式脂肪酸。于是一些薯片类零食包装上标注"不含反式脂肪酸"。虽然，这些零食相对含有反式脂肪酸的零食可能较健康，但这些零食仍然不是健康食物。这是因为这类零食，如薯片中的淀粉在高温过程中会产生丙烯酰胺，丙烯酰胺属于致癌物质。同时，这些零食含有油脂，具有高能量，容易引发肥胖，同时又可能增加盐的摄入（零食中的食盐量不容小视）。因此，应尽量让孩子远离这些零食，尤其是超重或肥胖的儿童。

（二）零"脂肪"的饮料

饮料中本来就不含脂肪，可有的商家为了让产品吸引消费者的注意，在包装醒目的地方宣称自己的饮料为零脂肪。很多人看了，以为这些饮料可能更健康。可仔细分析一下营养标签，发现该饮料的宣称仍然是个"陷阱"。如某乳酸菌饮料营养标签上注明脂肪 0%，碳水化合物（蔗糖、葡萄糖等）16.2%，蛋白质 1.1%。一瓶 500 毫升的饮品含有能量接近 1 464.4 千焦（大致相当于 100 克生大米或 250 克蒸熟米饭的能量）。我们喝一瓶这样的饮料可能并不是件难事，但要吃下 250 克熟米饭可能不容易。这些饮料升糖较快，对于处于饥饿状态或血糖低时来说补充点能量倒是可以，但对于普通人群作为补充水分或所谓的益生菌来说，并不合适，很容易造成能量过剩。且这类饮品由于血糖上升较快，无形中又增加了人体胰脏的负担。

预防儿童糖尿病刻不容缓

据发表在《新英格兰医学杂志》上的调查显示，我国成人糖尿病的发病率接近 10%，而还有 15% 以上的人群糖耐量受损，处于糖尿病前期。因此，预防糖尿病刻不容缓，应从婴幼儿期建立科学的饮食习惯，其中包括选择合理的零食，减少含糖饮料的摄入。零"脂肪"的饮料也并非是健康的饮品，含脂肪的奶类（包括纯牛奶、酸奶、低脂奶等）相对更健康。让孩子养成喝白开水或矿泉水的习惯，给 1 岁以上的孩子补充益生菌可以选择不含蔗糖的纯酸奶或低脂酸奶，既健康又营养。

（三）不加糖的"纯果汁"

相对加糖的果汁或用添加剂调配出来的果汁味饮料，不加糖的纯果汁越来越受青睐。很多纯果汁宣称不加糖，不含添加剂，这让家长觉得纯果汁属于健康饮品。事实上，果汁在榨制过程中，膳食纤维往往会弃去，维生素 C 也几乎全部破坏，纯果汁成了水果的浓缩品。纯果汁本身含糖已经很高，不加蔗糖的纯果汁能量不低。同时，相对于水果，果汁吸收较快，血糖上升也快，容易在体内储存起来转化成脂肪，增加肥胖的风险。

（四）美味却不含奶的"奶茶"

如今大街小巷奶茶店生意红火，尤其在寒冷的冬天，喝上一杯香喷喷的奶茶，顿感温暖。奶茶本是牛奶与茶的融合，产生了奶气茶香名扬世界各地，但如今市场上的奶茶可能并非含奶，而是通过食物添加剂等调配出来的，喝上去口感不错的奶茶却给我们的健康增加了负担，奶茶中含有较多的反式脂肪酸，会增加心血管疾病的风险。因此，为了健康，尽量远离这些饮品，尤其是少年儿童。

二、是否要选择儿童食品

如今儿童食品不再是陌生的词，儿童牛奶、儿童奶酪、儿童酸奶、儿童面条、儿童馄饨……应有尽有。一看到包装上的"儿童食品"字样很多家长就觉得这是专门为孩子设计的。

是否有必要选择儿童食品，则需要从几个方面考虑：如果说选择添加对人体有益的营养素，而孩子存在摄入不足的风险，通过摄入该食物能获得一定量的该营养素，则确实对儿童健康有一定的益处。添加的营养素能不能达到预期的效果，还要看从该食物中获得的量。每个孩子的饮食结构不同，而缺乏的营养成分也有区别。有的孩子可能缺乏蛋白质，有的可能缺乏维生素，有的则可能缺乏矿物质铁、锌等，这就要根据孩子的具体情况来选择不同的食品。

人体获取的营养主要来自谷类、鱼类、肉类、蛋类、奶类、新鲜的蔬菜、水果等，儿童处于发育阶段，对营养素的需求较高。在一般情况下通过合理的饮食搭配完全可以满足孩子身体发育的需要，如3岁以内的孩子不再母乳喂养之后，也可以选择适合孩子年龄段的配方奶粉，这样有利于满足孩子高营养素的需求。

儿童期易缺乏的营养素主要有铁、钙、锌和某些维生素，平时饮食中注意肉类、鱼虾的摄入，尽量通过日常三餐来获取这些营养素，如果确有不足，在医生指导下补充所缺乏的营养素。

不要迷信"儿童食品"

目前在国家的各项食品相关标准中，并没有"儿童食品"的定义，一些企业推出"儿童专用食品"，实际上是一种宣传，吸引家长们的眼球，有的仅是在食品中添加一定量的营养成分，有的是减少某些食品添加剂后，就宣称对儿童有益。再说，标注儿童食品则不一定就是健康食品，如冻类、糖类、薯片等。因此，家长还是要辨别儿童食品的好与坏，不要盲目迷信所谓的"儿童食品"，只要让孩子在日常饮食中摄入均衡的营养，就足以保障他们健康成长。

三、怎么吃才能让孩子长得高

遗传对孩子未来的身高起着主要作用。这是因为决定身高的是人体内分泌的生长激素水平，不同遗传基因则决定分泌生长激素的量不同，所以个子高矮不一样，父母高的，孩子往往也会高，但遗传不能完全决定身高。遗传基因再好，如果没有充足的营养，生长发育期间严重缺乏营养，同样会影响孩子未来身高。

很显然，遗传因素是人力无法改变的因素。那么最容易让父母觉得"使得上力气"的就是营养。究竟吃什么才能让孩子长个呢?

在营养方面,首先是饮食的总热量,热量充足才能有利于发育。饮食中,能够提供热量的主要包括碳水化合物、蛋白质和脂肪三大能量物质,这些营养素来自于谷类(米饭、馒头、面条、面包等)、薯类(土豆、红薯)、肉类、蛋类、鱼虾、奶类、植物油、水果、坚果等。

从全国调查数据上来看,我国南方人相对瘦小,北方人相对高大。除了遗传等其他因素之外,饮食问题很关键。因为南方人摄入的饮食能量密度低,如有煲汤的习惯,从小就开始喝汤,饮食中摄入的能量密度低,长期下来个子生长受到了影响,甚至出现营养不良的问题。

饮食中光有热量还不行,还需要食物搭配合理,营养均衡。各类食物都要摄入,并有恰当比例。每顿饭都吃主食,因为谷类食物每日需要为我们提供50%~65%的热量;常吃肉类、鱼虾、蛋、奶类、豆制品,这些食物含有优质蛋白质,为生长发育或维持健康提供重要的物质基础,蛋白质每日提供的能量占到10%~15%。炒菜时的油,不光为了菜的口感好,还能为我们提供一定量的脂类。在婴儿期的食物中,无论是母乳还是婴儿配方奶中的脂肪提供的能量更多,甚至达到50%以上。

维生素和矿物质对身高也有影响,如缺锌会导致孩子食欲下降、生长缓慢,缺铁会导致孩子贫血,食欲不佳,免疫力降低等问题。

家长考虑孩子的日常饮食时,可以参考以下建议:

(1)饮食总热量充足。避免过多的高脂肪、高热量食物的摄入。让孩子保持正常体重,避免孩子体重超重或肥胖。

(2)注意摄入一定量的优质蛋白质,包括肉类、鱼虾、蛋、奶类、豆制品等。

(3)儿童期要有进食奶制品的习惯,如果奶类摄入不足,咨询营养专业人员或医生,由专业人员判断孩子是否需要补钙。

(4)3岁以上的孩子注意进食适量全谷类或杂粮。精白的米、面往往损失了一些矿物质和维生素。

（5）定期检查、检测发育情况。消化道疾病、心脏病等疾病会影响孩子发育及身高，有疾病的孩子要积极治疗原发病。

孩子长高的营养误区

误区1. 补钙就能长高

很多家长认为只要给孩子补钙就能长高。事实上，钙最好能从食物中摄取，食物中摄入不足，再考虑额外补充。奶类是钙的良好来源，不仅吸收率高，而且安全。即使成年后，摄入充足的钙对健康也是有利的。所以提倡终生喝奶是有一定的道理。

如果过量补钙，不仅不会长高，还会干扰身体其他矿物质如锌、铁的吸收。因为它们在肠道中吸收时使用同一载体，这些载体被钙"占据"了，其他矿物质吸收就会受到影响。

因此，如果饮食或身体里不缺钙，而一味地去补钙，不但不利于儿童生长，反而不利于健康。如果体内缺钙，补充钙剂的同时还要注意补充维生素D，才能有利于钙的吸收。儿童生长需要钙的帮助，但更需要营养均衡。

误区2. 多吃就能长个

既然热量充足有利于长个子，何不让孩子多吃点呢？殊不知，过量摄入让孩子不是纵向生长，而是横向生长，吃得越来越胖，身高相对同龄人就会越来越矮。

儿童肥胖以后，脂肪组织也会分泌一些激素，导致体内激素水平发生改变，干扰或拮抗了体内生长激素的分泌。

另外，肥胖是摄入的总能量超标导致，并不意味着营养状况就是良好。事实上，很多肥胖儿童反而会出现营养不良问题。如维生素D属于脂溶性维生素，会储存到脂肪组织，越胖会导致越多的维生素D储存到脂肪组织，不能在体内利用，血液中的维生素D就会偏低，进而不利于钙的吸收，导致缺钙的问题。

第五章

不可不知的健康饮食细节

1. 水是生命之源，一个人若没有食物，可生存3周；但没有水，只可生存3天。
2. 对孩子来说，安全卫生的白开水是最好的选择，其他：矿泉水、桶装水、纯净水。

3. 食物中的脂肪能增加我们的食欲，脂肪在我们体内具有多种功能：产生能量、维持人体正常体温和身体细胞的构成。

4. 《中国居民膳食指南》建议：每日摄入植物油1岁为5～10克；1～3岁为20～25克；3岁以上25～30克。

5. 糖除了能为宝宝提供身体所需要的热量以外，还参与宝宝身体细胞内的多种代谢活动，负责维持神经系统的正常功能、促进蛋白质的合成。
6. 3岁以下宝宝每日摄入的纯糖量最好控制在10克以内，3岁以上人群应控制在20克以内。

第一节　水

一、水对人体健康的重要作用

地球有了水，才诞生生命，生命有了水才得以生存。水是生命之源。一个人若没有食物，可生存 3 周；但没有水，只可生存 3 天；断食至所有体脂和组织蛋白质消耗至 50% 时，才会死亡；而断水至失去全身水分的 10% 时，就可能死亡。

儿童体表面积较大，身体中水分的百分比和代谢率较高，肾脏的调节能力有限，易发生严重失水。水摄入不足或丢失过多：引起体内缺水，细胞外液电解质浓度增加形成高渗；细胞内水分外流，引起细胞脱水。

人体缺水会有哪些症状？

（1）当失水占体重的 1%～5% 时，会感到口渴、疲惫、烦躁、厌食、尿少、脉搏加快。

（2）当失水占的体重 6%～10% 时，会感到眩晕，行走减慢，呼吸困难，皮肤刺痛，血容量减少，血液浓缩。

（3）当失水占体重的 10% 以上时，会极度不安，可能有谵妄，皮肤失去弹性、全身无力、无尿，体温升高、血压下降。

（4）当失水占体重 20% 以上，那么就可能引起死亡。

二、适合宝宝喝的水

（一）尽量选择安全卫生的白开水

事实上，对孩子来说，安全卫生的白开水是最好的选择。从健康角度考虑，纯净水不适合长期饮用，有可能会导致一些矿物质摄入不足。然而一些商家看中了这一点，将额外加了矿物质盐的净化水，变成了"矿泉水"。那些所谓的天然弱碱性水也未必比普通白开水更有优势。

饮水问题关系到千家万户，与老百姓的健康息息相关。通常情况下，自来水是经过严格检验的，符合国家卫生标准，但也有出现问题的时候，突发的有毒有害物质的泄露污染水源，也有如抗生素超标问题的出现，央视就曾报道过一些地区自来水抗生素超标。作为婴幼儿日常饮用水，有条件的家庭，可以选择一些品质好的瓶装水饮用，或在家里安装符合标准的净水器来进一步净化自来水。

（二）冲奶粉用什么水

给宝宝冲奶粉的水，一般符合要求的自来水，烧开之后是没有问题的，但有的地方的自来水出现问题之后，往往让人失去信心，或者家长根本不相信自来水符合要求。这种情况下，完全可以选择品质好的桶装水或瓶装水，烧开后冲奶。

但需要指出的是，有的桶装水未必符合卫生要求，有媒体曾多次报道即使一些大品牌的桶装水同样不符合卫生要求。因此，为了更安全，桶装水最好是烧开后，再给孩子冲奶粉。

三、不同年龄宝宝一日饮水量

水是生命之源，与我们的健康息息相关。正确喝水有益于健康，不恰当喝水，对健康反而不利。不同年龄宝宝对水的需要量要求不同（表5-1）。

（一）6个月以内纯母乳喂养的宝宝

一般不需要额外喂水。混合喂养和人工喂养的宝宝，只要奶量充足，一般也不需要喂水。但是，由于奶粉中蛋白质和钙等高于母乳，有的宝宝可能会出现"上

表5-1 不同年龄宝宝水适宜摄入量

人群	饮水量/（升·日）		总摄入量/（升·日）	
	男	女	男	女
6个月	–			0.7
6个月～1岁	–			0.9
1～3岁	–			1.3
4～7岁	0.8			1.6
7～11岁	1.0			1.8
11岁以上	1.3	1.1	2.3	2.0

参考《中国居民膳食营养素参考摄入量》（2013版）

火"，如便秘等，可以在两顿奶之间喂少量的水，具体喂多少水也没有标准，根据个体具体情况酌情调整。例如，按照奶与水的比例为5∶1左右喂水。

6个月以内的宝宝总适宜摄入量为700毫升，新生儿只要奶量充足，小便次数（6～8次／日）和颜色正常（淡黄）就提示体内不缺水，给宝宝喂过多的水反而增加宝宝的肾脏排泄负担，甚至影响奶量。

（二）6个月以上的宝宝

可以少量饮水，发热、腹泻或天气热时需要注意补充水分，尤其是当宝宝尿液颜色加深变黄及小便变少时。如果宝宝不喜欢喝白开水，也不必着急，只要水分总的摄入量每日达到900毫升一般不会缺水，水果和饮食中的水也是算作总摄入量里。

（三）1～3岁的宝宝

水总适宜摄入量为1 300毫升，每日可以安排补充喝点白开水，一些清淡低盐汤类或羹类也是不错的选择。

(四) 3 岁以上的儿童

随着儿童年龄的增长水的摄入量也在增加，4 岁以上儿童，每日饮水 800 毫升左右，到了成年人，女性可达到 1 500 毫升，男性可达到 1 700 毫升。

四、饮水中的常见误区

(一) 认识的误区

据相关研究，28.4% 的 6 岁以上儿童及人群不知道每日最少饮水 1 200 毫升；14.4% 的调查对象认为饮水不足对健康没有危害；接近一半的人错误地认为只有感到口渴时再饮水有利于健康；18.9% 的人不知道白开水是最健康的饮品，其中尚有 17.9% 的人认为饮料最健康。由此看来，无论是成人还是儿童，对于喝水的认识还远远不够。

(二) 甜饮料当水喝

琳琅满目的饮料，加上好的口感，逐渐吸引很多人的眼球，而白开水等淡而无味的水开始受到冷落，尤其聚餐、活动后或路途上等。事实上，这种做法不可取的。甜饮料中几乎都含糖，不但不能更好地解渴，往往喝了以后会感觉更渴。饮料往往使我们摄入过多的糖，增加了肥胖等疾病的风险。因此，为了健康，最好选择白开水，偶尔是矿泉水或纯净水，尽量不喝或少喝甜饮料。

(三) 果汁代替白开水

一杯鲜榨纯果汁，也许让我们大饱口福。或许你还会认为果汁营养更好，经常将果汁代替水果及白开水，还觉得自己"一箭双雕"。其实，可能"赔了夫人又折兵"。

与水果相比，纯果汁在加工过程中维生素 C 几乎损失殆尽，膳食纤维也往往被"抛弃"。我们一次可能会吃 200 ~ 300 克水果，可一次喝下的果汁可能相当于 400 ~ 500 克甚至更多水果的能量。果汁的升糖指数肯定比同类水果要高，带来了肥胖、糖尿病等疾病发病风险，更可能导致糖耐量受损或糖尿病人血糖飙升。

与白开水相比，果汁裹着"糖衣炮弹"，能量高，同时又"引诱"我们对甜味的嗜好。过多能量的摄入，可能会影响我们正常的食欲，又加重了在我们体内唯一可以降血糖的胰腺分泌胰岛素的负担。

因此，看似淡而无味的白水，确实最健康的饮品。

（四）纯母乳的婴儿 6 月龄前不用喂水

对于足月的正常宝宝，国内外都提倡纯母乳喂养满 6 个月。纯母乳喂养的宝宝，一般在 6 个月以内不用喂辅食，包括果汁和水。然而，很多纯母乳喂养的孩子在 4 月龄甚至在 3 月龄前就开始喂果汁及水。

纯母乳喂养的婴儿不需要额外补水的原因：①母乳中含有80% ~ 90% 的水分，母乳喂养属液体食物喂养，与辅食的固体食物喂养不同；②母乳喂养期间，婴儿会根据需要调整自己的进食量，也就是调整了水的摄入量。事实上，母乳的"前奶"一般比较稀，足够让宝宝"解渴"，"后奶"比较稠，让宝宝"抗饿"。这点与定量的配方粉喂养不同。这也是人类进化的成果，任何奶粉都无法模拟母乳的这种特色。观察孩子排尿的颜色，无色或淡黄即说明体内不缺水。

（五）荤汤成"上等饮品"

在中国传统的观念里，荤汤往往是养生和滋补的上等佳品，至今仍然流传深广。很多人还是认为，荤汤的营养丰富，喜欢煲汤喝汤，甚至早早地给婴儿喂荤汤，或用荤汤给宝宝冲米粉，煮面条等。事实上，婴儿需要营养密度较高的食物，一般 6 个月前所需营养几乎全部来自奶类。6 个月以后仍以奶为主，其他为辅食。荤汤的营养密度低，除了油、盐、少量溶出的蛋白质，其他营养素较低，远没有想象的那么有营养。

因此，不应拿大量的汤给婴幼儿滋补。荤汤能量密度低，可能会影响宝宝发育，同时摄入的盐分增加宝宝肾脏排泄负担。拿荤汤当饭吃，导致营养不够，拿荤汤代替白开水，又会增加过多的油而导致能量摄入增多，对于超重或肥胖的儿童，喝大量荤汤则更糟糕。当然对于 1 岁以上的儿童，进餐时可以适量喝点相对清淡汤品，但不能拿荤汤代替白开水作为宝宝的常规饮品。

第二节　油

一、脂类的种类及功能

从营养上来讲，重要的脂类主要是三种：三酰甘油（甘油三脂）、磷脂和固醇类。而食物中的脂类 95% 是第一种。脂肪在我们体内具有多种功能：

（1）脂类是三大产能营养素之一，每 1 克脂肪可产生 37.66 千焦的能量，是碳水化合物和蛋白质产能的 2.25 倍。

（2）能够维持我们的正常体温。

（3）具有内分泌功能，可以分泌多种因子参与机体的代谢、免疫、生长发育等。

（4）也是身体细胞膜的构成成分。

食物中的脂肪能增加我们的食欲，让我们充分享受美味，还让我们有饱腹感。

同时，食物中的脂肪含有多类脂溶性维生素如维生素A、维生素D、维生素E、维生素K等，可以促进这些维生素在肠道的吸收。

什么是必需脂肪酸

现实中，我们发现很多人不一定吃很多荤菜，但同样可以长胖。那是因为糖类（碳水化合物）和蛋白质在体内也可以转化为脂肪储存起来。而必需脂肪酸在人体不能合成，必须从食物中摄取。ω-6系列多不饱和脂肪酸亚油酸和 ω-3系列多不饱和脂肪酸 α-亚麻酸是人体必需的两种脂肪酸，它们在体内可以用来合成花生四烯酸、二十碳五烯酸（EPA）和二十二碳六烯酸（DHA）等。当然，如果能从食物中直接获取这些脂肪酸是最有效的途径。必需脂肪酸的缺乏，可引起孩子生长迟缓等，还会影响到孩子的神经和视觉的发育。其中EPA和DHA对维持我们心脑血管的健康具有重要作用，尤其是对胎儿和儿童的脑发育。DHA占了人脑脂肪的10%，对脑神经传导和突触的生长发育具有重要意义。

不同的油所含脂肪酸不同

常见的植物油中，大豆油、低芥酸菜籽油、花生油、玉米油、葵花籽油、芝麻油等含不饱和脂肪酸较高，有的达80%以上，而橄榄油以单不饱和脂肪酸（只有一个不饱和键）为主，达75%左右，而多不饱和脂肪酸只占到10%左右。这些油脂中的必需脂肪酸以亚油酸为主，α-亚麻酸含量只占一小部分。在植物中还存在一种含饱和脂肪酸比较高的油脂如棕榈油，由于较为稳定，不容易变质，很多制造商用来制作油炸食品。

然而，还有一类油脂也逐渐走进我们的家庭——亚麻籽油，是由亚麻籽榨成。它与一般油脂最大的区别是含有丰富的 α-亚麻酸，达50%以上。类似的油脂还有紫苏籽油。α-亚麻酸较好植物来源是亚麻籽、大麻子和南瓜子等。α-亚麻酸可以在体内合成EPA和DHA，但也仅有3%左右能被转化为EPA和DHA。

二、为家人选择健康的食用油

作为烹调油，我们应避免选用含饱和脂肪酸较高而其他脂溶性维生素含量较低的动物混油，可以选择大豆油、低芥酸菜籽油、玉米油等、葵花籽油等。用橄榄油炒菜或炖菜时，应注意油温不宜过高，避免煎炸食品，否则油中的维生素 E 等营养素在高温下遭到破坏，同时不饱和脂肪酸在高温下产生多种有毒有害物质，包括致癌物——多环芳烃。含中链饱和脂肪酸较高的椰子油在高温炒菜时产生的自由基或有毒有害物质相对较少，某种程度上或许也是一个选择。

具有保健功能的亚麻籽油则不宜用来炒菜，特别是高温爆炒，但可以用来做凉拌菜或炖菜，或最后淋在炒熟的菜上。适当的食用亚麻籽油可以作为 α-亚麻酸的良好来源，同时降低过多的亚油酸的摄入。有研究认为，亚油酸摄入过多，亚麻酸摄入过少会降低人体的免疫力。

三、油的最佳摄入量

从调查数据来讲，我国儿童超重和肥胖率在明显上升，尤其是大城市，北京超过 20%，某种程度上是家长让孩子摄入过多的含油脂高的食物惹的祸。这就提示，我们不但要学会选对油，学会烹调的方法，还要控制量。饮食中，我们应避免让孩子吃过多含油脂（特别是饱和脂肪）高的肥肉、红肉及油炸食品。同时，控制好每日烹调油的量，对于学龄前儿童，每人以 20 ～ 30 克为宜（《中国居民膳食指南》建议：0.5 ～ 1 岁宝宝每日植物油食用量为 5 ～ 10 克；1 ～ 3 岁为 20 ～ 25 克；3 岁以上 25 ～ 30 克）。

为了让 ω-3 系列多不饱和脂肪酸中的 α-亚麻酸和 ω-6 系列多不饱和脂肪酸中的亚油酸更接近合理比例，让我们更健康，在条件允许的情况下适量摄入亚麻籽或其油脂等。同时，每周最好吃 1 次以上的海鱼。

有关油炸食品

谈到油炸食品，自然被列入垃圾食品范畴。然而，油炸食品在世界各国却深受欢迎。从中国人爱吃的油条、馓子等，到西方人爱吃炸鸡、炸土豆条、炸土豆片等，还有风靡世界各地的方便面等。油炸食品这么不健康，营养素和抗氧化成分遭破坏，含有致癌物、有毒物质和反式脂肪酸等，为什么人们偏偏就爱它呢？

油炸食品之所以在美食中占据重要地位，自然是它的味道。然而，"鱼和熊掌不可兼得"，在享受美味的同时，就会摄入不健康的东西。因此，为了健康，还是少吃油炸食品，孕妇、哺乳妇女及婴幼儿最好不吃油炸食品。如果偶尔吃油炸食品，最好选择用饱和油，如用棕榈油炸的食品，含有毒有害物质会少一点。然而，很多饭店、商贩或家庭喜欢用大豆油等含有不饱和脂肪酸较高的油炸食物，而且长时间不更换油，这种油炸食品最好不要吃。

第三节 糖

一、甜蜜的"祸害"

糖除了为宝宝提供身体所需的热能以外，还参与宝宝身体细胞内的多种代谢活动、负责维持神经系统的正常功能、促进蛋白质合成等多项任务。同时，糖类中的葡萄糖几乎是大脑唯一的燃料，宝宝的大脑能持续、稳定地工作也全靠它提供能源。糖里还含有一些"兴奋物质"，能使肾上激素迅速上升，导致宝宝体内能量大量释放，使他们感到愉快。适当地给宝宝吃些含糖食品还能提高他们的注意力、反应能力、记忆力以及理解能力。

虽然糖类对人体的作用非常重要，但吃纯糖过多也并非好事！

(一) 甜食依赖

宝宝甜食吃得太多，味觉容易发生改变，口味清淡的食物不再满足他的需要。这会导致孩子越来越离不开甜食，甜食也越吃越多，而对其他食物则缺乏兴趣。

(二) 变成小胖子

蔗糖在体内吸收速度快，很容易转化成脂肪储存起来，所以宝宝吃糖过多，又不愿意运动的话，自然容易变成小胖子。而且吃太多会影响宝宝正常的食欲，导致蛋白质等其他营养物质摄取不足，从而出现营养不良，影响生长发育。

(三) 产生龋齿

食物中的蔗糖，经细菌分解产生酸，时间一长，残留在牙菌斑上的酸慢慢侵蚀牙齿上的保护层——珐琅质。珐琅质受酸长期侵蚀而遭破坏，形成龋洞，就形成了蛀牙。

(四) 内分泌疾病

宝宝一直过多地食用含糖量很高的甜食，糖分摄入过多，血糖浓度提高，就会加重孩子胰脏代谢的负担，从而诱发糖尿病。

(五) 吃糖多容易让孩子变成坏脾气

葡萄糖的氧化反应需要含有维生素 B_1 的酶来催化。如果一直吃含糖分过多的食物，机体就会加速糖的氧化，同时消耗大量的维生素 B_1，使它供不应求。而人体自身是不能合成维生素 B_1 的，它完全依靠从食物中吸收。宝宝吃了过量的甜食就会影响食欲，造成含维生素 B_1 的食物供应不足，最终使葡萄糖氧化不全，产生乳酸等代谢产物。这类中间产物在孩子的脑组织中蓄积，就会影响孩子中枢神经的活动，使孩子精神烦躁，出现精力不集中、情绪不稳定、爱哭闹、好发脾气等症状，不仅对孩子的生长发育、生活学习不利，严重的还会影响孩子智力的开发。

二、儿童饮食中应限制纯糖的摄入量

为婴儿制作辅食时，应尽可能不放糖或少放糖，可有效预防龋齿。1 岁以上的宝宝最好的饮料是白开水或天然矿泉水，少喝或不喝含有葡萄糖、碳酸、磷酸等物质的含糖饮料和碳酸饮料。

3 岁以上的儿童少吃含糖过多的零食，如糖果、巧克力、蛋糕、木糖醇食品等，并尽量在正餐之间食用。当然，偶尔进食点含糖酸奶等没有关系，但一定要限制纯糖的摄入量，对于婴儿最好不给含糖食品，每日摄入含糖食物的量最好控制在 10 克以内，3 岁以上人群应控制在 20 克以内。

对于那些喜爱甜食的宝宝，不妨多给他准备水果。水果能带给宝宝满足甜味的"口福"，它们含有多种矿物质、丰富的维生素和健康的膳食纤维，十分健康。然而，水果一旦榨成果汁，就变成"甜饮料"了。

第四节 盐

一、不同年龄宝宝的食盐量

食盐的主要成分是氯化钠。氯化钠给人的表面感觉是"咸"。无论何种菜肴，大多以咸作基础味，是食盐让人享受到了美味佳肴。钠元素还是人体内不可缺少的一种化学元素，广泛存在于体内各种组织器官内，可以调节体内水分，增强神经肌肉兴奋性，维持酸碱平衡和血压正常功能。

婴儿辅食需不需要放盐？

　　根据《中国居民膳食指南》及国外育婴指南，婴儿1岁以内不建议吃含食盐的食物，而是吃原味食物。

　　有人会有疑问：孩子不吃盐怎么能行呢？我们成人每日不都得吃盐呀？根据《中国居民膳食营养素参考摄入量》（2013版），对于6～12月龄的婴儿来说，每日需要350毫克的钠。奶类及其他辅食中含有人体所需要的钠，一般情况下，正常进食的宝宝完全能够摄入足够的钠来满足生理需要。

　　有些妈妈认为：宝宝不爱吃辅食是因为辅食没味道，不好吃！事实上：第一，宝宝的味觉比大人要敏感，不能用大人的口味来衡量孩子的味觉，把大人味觉习惯强加给宝宝；第二，宝宝的味觉习惯正处于形成期，对调味品的刺激比较敏感，加调味品容易干扰宝宝的味觉拒绝原味食物。

　　根据《中国居民膳食营养素参考摄入量》（2013版），1～3岁的宝宝每日需要700毫克钠（相当于1.8克食盐），比6～12月龄大婴儿多350毫克。在通常情况下，这些钠完全可以从食物中获取，如奶类、主食、肉类、绿叶蔬菜、水果等。有资料提示，在婴幼儿的喂养中，3岁之前尽量少添加钠盐，这样可以让宝宝们更好地品尝天然食物的味道，而且可以降低日后高血压和心脑血管疾病的发病率。

　　如果说1岁以内辅食中不添加盐，很多家长还能接受，3岁以内不给孩子吃盐，大人们会觉得实在太"残忍"！在现实生活中3岁以前不吃盐几乎不可能，很多宝宝1岁后就已经和大人一起吃饭了，无非在菜式的种类和食物性状上会照顾孩子的饮食习惯。但是，1～3岁的宝宝还是尽量少吃盐甚至不吃盐，让宝宝养成清淡饮食的好习惯。

　　4～6岁的孩子每日大约需要900毫克的钠（相当于2.3克食盐），除了食物本身含有的钠，必须通过食盐获取的那部分钠也不多，1～2克盐足矣！6岁以上的儿童食盐量最好控制在3～5克。事实上，我们给孩子吃的食盐，很可能会远远超过推荐的量，但为了孩子今后的健康，还是让孩子尽可能少的摄入食盐。

二、健康生活，从少盐做起

（一）多吃盐易养成"重口味"

1岁以内的宝宝对盐的需求量并不是很高，宝宝6个月前依靠母乳和配方奶中的钠含量完全能够满足宝宝的需求，6个月后添加辅食，其摄入钠的途径会更多，如蔬菜、红薯等均含有钠。因此，完全不必担心宝宝不吃盐得不到充足的钠。

实际上，宝宝的饮食中的钠，很难不超标，而非缺乏。过多盐的摄入会破坏人体黏膜屏障以致宝宝免疫力降低，并增加宝宝肾脏的排泄负担，甚至造成肾脏的损害。长期钠盐超标为以后患高血压埋下隐患。

一般来说，一个啤酒玻璃瓶的瓶盖可装载的盐量为3.5克。建议可用"用餐时再加盐"的方法控制盐的摄入量：即在菜肴起锅时少加盐，或不加盐待菜肴烹调好端到餐桌上再放盐。这样会使盐仅仅附着在菜肴表面，只放一点盐但吃起来也会有味道。既能控制盐的摄入量，又可避免碘在高温烹饪中的损失。

（二）注意隐形盐，慎防钠超标

很多食物本身就含有盐分，比如紫菜、芹菜以及蛋白质含量丰富的肉类、鱼类。在烹制这些食物时，放盐量要比其他低盐的食物少。此外，市售食品尤其是零食如奶酪、饼干、面包、海苔、薯片等同样含有较多的盐分，含钠量往往较高。选购时，需要注意包装上的配料表或尽量避免购买。

如果宝宝出现腹泻、呕吐或是夏天出汗较多时，机体需要的钠比平时略多一些，但若宝宝患有心脏病、肾炎和呼吸道感染等疾病时，必须严格控制饮食中盐的摄入量，具体可咨询医生。

吃盐多的孩子爱吃糖

澳大利亚迪肯大学的研究人员对4 200名年龄在2～16岁的儿童进行饮食调查，发现吃盐多的孩子，甜饮料喝得也多，每日吃6.5克盐的孩子会喝更多加糖饮料，如苏打水、果汁、功能饮料等，而每日吃5.8克盐的孩子们，则更倾向于喝白水。每多吃1克盐，就额外多吸收17克的糖。盐的摄取会直接导致对糖分的需求，因此，少盐的饮食不仅可以控制血压，还能有效预防儿童肥胖。

第六章
疾病与饮食安排

能尽快给宝宝退热吗?

发热，通常是机体免疫系统为了抵御感染而产生的一种免疫保护性反应。

炎热宝宝吃什么比较好?

在宝宝发热期间，饮食原则是：保证充足能量；提供足量矿物质。

在三餐安排上有什么讲究么?

在宝宝发热期间应以低盐少油清淡半流质饮食或软食为好，少量多餐，有利于患儿消化吸收。

听说鸡蛋不能给发热的孩子吃?

如果不用油炒、油炸方法烹调鸡蛋，每天1~2只鸡蛋，感冒患儿是可以接受的。

第一节　腹泻宝宝的饮食安排

　　小儿腹泻是儿科常见的疾病，据统计全球每年有 180 万儿童死于腹泻。多数情况下，感染（轮状病毒、志贺氏菌属等）是导致腹泻的主要原因，但需要提醒的是，非母乳喂养和不合理的辅食添加以及营养素如维生素 A 和锌的缺乏都会增加腹泻的机会。

　　腹泻就要禁食？其实，绝大多数情况下，腹泻时仍需继续进食。世界卫生组织提出的小儿腹泻治疗原则是：继续饮食，预防脱水，纠正脱水，维持肠道黏膜屏障功能。因此，在对症治疗同时，如果饮食安排得当，有利于宝宝早日康复，相反营养摄入不足，会延缓疾病的恢复。如何做好宝宝腹泻期间的饮食安排？

一、不同月（年）龄患儿腹泻期间的饮食安排

（一）0～6 月龄宝宝腹泻

　　母乳喂养的患儿一般应继续母乳喂养，必要时补充乳糖酶。人工喂养的患儿，可选用普通奶粉同时补充乳糖酶喂养，或直接改为无乳糖奶粉喂养，等恢复以后，再逐步过渡到普通奶粉。

（二）6～12 月龄宝宝腹泻

　　除了选用无乳糖奶粉之外，可以暂停辅食。根据病情也可尝试进食米粉、粥、烂面条等。鼓励患儿多进食，每日加餐 1 次，直至腹泻停止后 2 周。开始进食后，即粪便量有所增加，可通过补液弥补丢失，只要患儿有食欲，仍可继续喂养。

（三）1 岁以上的宝宝腹泻

1 岁以上的患儿在腹泻期间，通常可以进食粥类、面条、馒头、作为主食；减少含有油脂较多的食物如油炸食物、肥肉等；荤菜可以选择鱼虾类、蛋类及少量肉类；蔬菜可以选择膳食纤维少的瓜类及根茎类（去皮），如南瓜、胡萝卜、笋瓜等；水果可以选择苹果、猕猴桃等（去皮），可以榨汁或煮熟（听从医嘱）；奶类可以选择无乳糖奶粉（或容易消化吸收的配方），必要时每日加餐 1 次，持续 2 周。营养不良患儿或慢性腹泻的患儿恢复期需时更长，直至营养不良纠正为止。

如果腹泻明显加重，又引起较重脱水或腹胀，则应立即减少或暂停饮食（听从医嘱）。对于病情严重的不能进食的，需要在专业医师或临床营养医师综合评估后考虑是否需要使用肠内营养制剂或转为肠外营养（表 6-1）。

表6-1　不同年龄感染性腹泻患儿一日食谱举例

年龄	饮食安排	补充剂
0～6月龄	母乳（补充乳糖酶），或无乳糖奶，2～3小时1次	口服补液盐、锌
6～12月龄	母乳（补充乳糖酶），或无乳糖奶，3～4小时1次 辅食1～2次（米粉、米粥）	口服补液盐、锌
1～3岁	早上加餐：母乳（补充乳糖酶），或无乳糖奶 早餐：米粥、蒸蛋 加餐：馒头或饼干、母乳（补充乳糖酶），或无乳糖奶 中餐：白粥或烂米饭、清蒸鱼、蒸南瓜 加餐：果蔬汁、母乳（补充乳糖酶），或无乳糖奶 晚餐：鸡丝烂面条（少油） 加餐：母乳（补充乳糖酶），或无乳糖奶	口服补液盐、锌
3岁以上	早餐：米粥、蒸蛋 加餐：馒头或饼干、无乳糖奶 中餐：烂米饭、肉丸或鱼丸、烧土豆、豆腐羹 加餐：果蔬汁、点心 晚餐：烂米饭或白馒头、牛柳炒笋瓜片（少油）、黑鱼汤（含鱼肉） 加餐：酸奶	口服补液盐、锌

食谱仅供参考，具体还需要结合病情

二、严重腹泻患儿营养支持

对于个别呕吐严重不能进食或腹胀明显的患儿暂时禁食 4 ～ 6 小时（不禁水）。禁食期间应在医生指导下使用口服补液盐（ORS Ⅲ）。喝多少需要根据脱水程度，每千克体重给予 50 ～ 100 毫升，可迅速纠正脱水。病情好转后仍需鼓励患儿进食，按流食（无乳糖奶、果汁、藕粉糊等）、半流食（米粥、烂面条等）顺序逐步增加进食，过渡到正常的饮食。

提醒：对于超过2周的迁延性腹泻的患儿，容易造成锌、铁、维生素A的缺乏，需要在医生指导下，合理补充。急性腹泻期间提倡补锌，10～20毫克/日，持续10～14日。

乳糖不耐症宝宝的喂养

有的宝宝进食母乳或其他奶类后发生腹胀、肠鸣、急性腹痛甚至腹泻等症状。排除其他原因，可能是乳糖不耐受在"作怪"。

乳糖是一种二糖，其分子是由葡萄糖和半乳糖组成的。乳糖在人体中不能直接吸收，需要在乳糖酶的作用下分解才能被吸收。缺少乳糖酶的人群在摄入乳糖后，未被消化的乳糖直接进入大肠，刺激大肠蠕动加快，造成肠鸣、腹泻等症状称乳糖不耐症。

严重的乳糖不耐症患者在摄入一定量乳糖后 30 分钟至数小时内就会表现出相关症状。乳糖不耐症对婴幼儿影响较大，除了胃肠道症状外同时还会伴有尿布疹、呕吐、生长发育迟缓等表现，需引起各位妈妈的重视。

1.哪些情况容易引发乳糖不耐症

（1）先天性乳糖不耐症。婴儿在刚出生时肠道内就缺乏活性乳糖酶，哺乳后 1 ～ 2 小时即出现以腹泻为主的症状，伴有腹胀、肠鸣音亢进、痉挛性腹泻，严重的还伴有呕吐、失水、酸中毒。大便为水样、泡沫状，呈酸性，含有乳糖。

（2）早产。由于早产，婴儿肠道乳糖酶活性低，可能会导致乳糖不耐症。

（3）肠道手术、慢性腹泻、消化道感染。由于疾病造成肠黏膜损伤，使乳糖酶会暂时减少或消失。

2. 乳糖不耐症对婴幼儿的危害

（1）严重的乳糖不耐得不到及时调节，会造成婴幼儿厌奶，导致能量以及各种营养素摄入不足，影响其生长发育。

（2）乳糖在乳糖酶的作用下形成的半乳糖是婴幼儿大脑发育必不可少的物质，长期严重乳糖不耐影响婴幼儿大脑智力发育。

（3）乳糖不耐影响奶中的各种矿物质，比如：钙、铁、磷的吸收，造成宝宝缺钙、缺锌、缺铁等症状。

（4）乳糖不耐也会造成奶中维生素、蛋白质等婴幼儿生长发育所必需的营养素难以被患儿消化、吸收，造成患儿体重及生长发育迟缓等问题。

（5）对于感染性腹泻等继发乳糖不耐受，会延缓腹泻等疾病的恢复。

3. 给乳糖不耐症宝宝喂养建议

（1）对于母乳喂养的宝宝，继续母乳喂养的同时可使用乳糖酶制剂。仅是轻度乳糖不耐受如不影响宝宝生长发育可不用处理。

（2）对于混合喂养的宝宝，可以在母乳喂养时补充乳糖酶，同时选择无乳糖奶粉。

（3）对于人工喂养的宝宝，如果是先天乳糖不耐受，就要持续选择无乳糖奶粉到宝宝1岁以后。如果由于腹泻等导致继发乳糖不耐受，可暂时改用无乳糖奶粉，等腹泻好了之后，再改为普通奶粉。

（4）1岁以后的宝宝出现乳糖不耐受，可选择低乳糖奶类，包括低乳糖奶、无乳糖奶粉、发酵后的酸奶。

有时候，婴幼儿乳糖不耐受表现不典型，妈妈如果怀疑宝宝可能有乳糖不耐受，最好及时到医院就诊。

第二节 便秘宝宝的饮食安排

儿童便秘较为常见，但是需要明确宝宝是否是真的便秘。多数便秘为功能性便秘，常常伴有排便困难，大便干燥，而不仅仅只是几天没排便。对于便秘，通过调整饮食等效果不理想，就要考虑到医院就诊，在医生指导下进行治疗。在治疗过程中，医生通常会使用纤维素及益生菌来调理肠道。益生菌能治疗宝宝便秘吗？便秘宝宝的饮食该如何安排？

一、益生菌的作用

益生菌是指对人、动物身体有益影响的活性微生物，可直接作为食品添加剂服用，通过摄入一定的数量后，对宿主产生一种或多种特殊的保健作用，包括乳酸菌、嗜酸乳杆菌、双歧杆菌、鼠李糖乳杆菌等。

二、选择适合的益生菌产品

婴幼儿胃肠功能以及免疫功能尚未发育完善，抵抗力较弱，容易发生消化功能紊乱以及吸收障碍等问题，加上饮食结构、生活习惯等因素，宝宝容易产生便秘问题。在这个时期，保持肠道内益生菌的优势地位对预防宝宝便秘有着重要作用。

（一）益生菌酸奶

益生菌酸奶，是经益生菌发酵的牛奶，除了可以为宝宝提供优质蛋白质和益生菌外，牛奶在发酵的过程中还会产生乳酸、多种 B 族维生素等，这些有益物质对宝宝的健康有重要作用。适量进食益生菌酸奶，既能够获得丰富的营养，也能获得一定量的益生菌。

（二）益生菌制剂

益生菌制剂也是一种较为安全的选择，益生菌制剂中起作用的是嗜酸乳杆菌、乳双歧杆菌、鼠李糖乳杆菌、干酪乳杆菌等益生菌，而且只有活的菌群才能起到调理肠道、提高免疫的功效。不同的活菌数量影响益生菌制剂的功效。市面上的益生菌产品从 30 万、50 万、100 万到 50 亿、300 亿活菌数含量各不相同。人体摄入数量不是越高越好，要根据厂家安全指示正确服用。

三、正确服用益生菌来纠正便秘

（1）冲调含有益生菌的奶粉或制剂，要注意水温一般低于 37℃，冲泡好的奶或益生菌制剂要及时服用，以免益生菌死亡失效。

（2）益生菌不能与抗生素同服。抗生素尤其是广谱抗生素不能识别有害菌和有益菌，所以在它杀死"敌人"的时候往往把有益菌也杀死了。服用抗生素药物过后补点益生菌，会对维持肠道菌群平衡起到很好的作用。如果必须服用抗生素，服用益生菌与抗生素间隔时间要长，不短于 2 ~ 3 小时。

（3）如果没有消化不良、腹胀、腹泻或存在其他破坏肠内菌群平衡的因素，是否有必要常规额外摄入益生菌制剂，还缺乏足够证据。

（4）在给宝宝补充益生菌的同时，应多吃根茎类蔬菜、水果等，多数的益生菌并不喜欢生活在葡萄糖过多的环境，所以在挑选含益生菌的食品时注意如果食品含有过多的糖分也会降低菌种的活性。

有便秘困扰的幼儿及儿童，平时应该多吃新鲜蔬菜及水果，增加饮食中纤维的摄取量；适量增加粗杂粮等食物，以扩充粪便体积，促进肠蠕动，减少便秘的发生，必要时同时补充维生素和益生菌制剂，但益生菌菌量要足够，否则益生菌的效果也不好。有些便秘可能是由于先天性巨结肠、肛门狭窄或其他原因导致的，无论饮食调理还是补充益生菌都不能纠正，应及时到医院就诊，以免耽误治疗（表 6-2）。

表6-2 不同年龄便秘患儿一日食谱举例

年龄	饮食安排
0～6月龄	坚持母乳喂养；人工喂养宝宝可在2顿奶中间喂少量水或更换奶粉如适度水解奶粉或深度水解奶粉
6～12月龄	奶类充足（600～800毫升）、辅食菜泥（南瓜泥、胡萝卜泥或青菜泥等）、水果泥（西梅汁、梨、猕猴桃等）、肉类、鱼类、蛋类
1～3岁	早上加餐：奶类（包括母乳等） 早餐：八宝烂粥、鸡蛋、菜包子 加餐：水果（猕猴桃或其他）、奶类、白开水 中餐：小米饭、清蒸鲈鱼、蒸南瓜、炒西兰花 加餐：水果（西梅或其他）、酸奶100毫升、白开水 晚餐：韭菜猪肉水饺 加餐：奶类
3岁以上	早餐：牛奶、鸡蛋、杂粮馒头、芹菜炒干丝 加餐：水果（猕猴桃或其他）、白开水 中餐：糙米饭、韭菜炒鸡蛋、萝卜烧肉、炒生菜 加餐：水果（西梅、梨或其他）、酸奶、白开水 晚餐：黑米饭、茭白炒肉丝、肉末烧豆腐、蒜泥炒莜麦菜

食谱仅供参考，具体还需要结合病情，必要时，在医生指导下使用纤维素及益生菌

第三节 发热宝宝的饮食安排

一、发热期合理营养基本原则

发热，通常是机体免疫系统为了抵御感染而产生的一种免疫保护性反应。发热时机体内的各种免疫功能都优于体温正常时，包括新陈代谢增快、抗体合成增加和吞噬细胞活性增强。这些免疫功能抑制病原体的生长、繁殖，有利于患者恢复。机体每升高1℃，机体代谢增加10%以上。由于发热，机体消耗增加，一方面需要一定的优质蛋白质来提供产生抵抗病菌的免疫物质，另一方面需要一定的优质蛋白质补充机体对蛋白质等的消耗。要摄入的优质蛋白质，包括肉类、蛋类、

鱼虾、奶类等。此外，机体还需要更多的维生素和矿物质等。

然而，由于人体体温升高，导致体内消化酶的活性受到抑制，消化功能下降，特别是高热的情况下，而一些消化道感染如轮状病毒、柯萨奇病毒、肠道病毒感染伴发热者的消化道功能下降得可能更明显。因此，宝宝发热时，饮食安排要遵循以下两个基本原则。

（一）保证充足能量

患儿因有较长时间高热，体力消耗严重，故应提供充足能量，尤其注意摄入优质蛋白质，如畜瘦肉、禽瘦肉、鱼、虾、蛋、奶，只要不过敏，就可以进食。0～1岁患儿应喂养充足的母乳（或配方奶）和足够的辅食。

（二）供给足量矿物质

应让大一点的宝宝多吃些新鲜蔬菜或水果，以补充矿物质。蔬菜以深色为佳，如菠菜、空心菜、西红柿、胡萝卜等。要多摄入含铁、锌等丰富食物，如猪肉、鸭肉、鸡肉类等；也可选择奶制品等高钙食物。菜肴的烹制方法上要注意容易消化吸收，尽量调动宝宝的食欲。

二、食物选择有讲究

（1）发热期应以低盐少油清淡半流质饮食或软食为好，少量多餐。饮食相对清淡不过于油腻，利于消化吸收。

（2）应少用坚硬及含纤维高（如韭菜、芹菜），不吃生的大葱、洋葱、辣椒等刺激性食物，以免加重咳嗽、气喘等症状。

（3）水果选择也应具有多样性，如苹果、梨、橘子等都可以。水果能否生吃，应根据宝宝个体情况，冬天将水果用微波炉适当加热，或将水果去皮去核切成块煮熟，如苹果、梨等。

（4）用排骨、鸡肉、鱼等炖汤也是美食之一，但重点在于吃汤里的肉，喝汤则为辅。汤可以为宝宝补充水分，但本身并不具有太多营养，营养多还在炖汤的肉类里。

（5）保证水分充足供给，以防止症状加重。必要时，使用肠内营养制剂来弥补饮食营养的不足。

表6-3　不同年龄发热患儿一日食谱举例

年龄	饮食安排
0~6月龄	坚持母乳喂养或人工喂养，奶量充足
6~12月龄	奶类充足（600~800毫升），辅食根据宝宝的年龄和病情选择婴儿米粉、烂粥或烂面条、蒸蛋、果汁等
1~3岁	早上加餐：奶类 早餐：八宝烂粥、鸡蛋 加餐：水果、奶类 中餐：小米饭、清蒸鲈鱼、蒸南瓜、西红柿炒鸡蛋 加餐：水果、酸奶100毫升 晚餐：青菜鸡丝面条 加餐：奶类
3岁以上	早餐：牛奶、鸡蛋、小米粥 加餐：水果 中餐：白米饭、肉丸子、韭菜炒鸡蛋、烧冬瓜 加餐：水果、酸奶 晚餐：西红柿肉末面条

食谱仅供参考，根据病情和孩子的胃口及消化能力选择食物具体还需要结合病情

发热的宝宝吃鸡蛋体温会升高？

有人认为"鸡蛋中蛋白质含量较高，发热时食用，易增加身体的基础代谢率，不但不能使体温降低，反而会增加身体热量，不利于病情的恢复。"

事实果真如此吗？

让我们先了解一下食物热效应，过去曾称为食物特殊动力作用（SDA），是指由于进食食物而引起能量消耗额外增加的现象。进食碳水化合物（糖类）可使能量消耗增加 $5\% \sim 6\%$，进食脂肪可使能量消耗增加 $4\% \sim 5\%$，而进食蛋白质可使能量消耗增加 $30\% \sim 40\%$。

鸡蛋中蛋白质能产生多少额外热量？让我们了解一下：如果我们吃一个水煮的洋鸡蛋，重量大约 65 克，蛋白质含量为 12.8%，可食部分 88%，一个鸡蛋含蛋白质为 $65 \times 12.8\% \times 88\%$ 克 =7.3 克，在体内转化为 7.3×16.74 千焦 = 122.20 千焦的热量，消化吸收时需要额外增加热量 122.20 千焦 ×40% 千焦 = 48.9 千焦。而且这种额外增加的热量对我们成年人的体温影响是微乎其微的，对幼儿影响也不大。

事实上，鸡蛋中蛋白质在人体利用率很高，可用生物价来衡量（生物价反应食物蛋白质消化吸收后，被机体利用程度的一项指标，蛋白质被机体利用率越高，即蛋白质的营养价值越高，最高值为 100），鸡蛋的生物价达到 94，而猪肉为 74。也就是说相对于其他禽畜肉，鸡蛋更容易被人体利用。如果不用油炒、油炸方法烹调鸡蛋，每日 1 ~ 2 只鸡蛋并不会给发热感冒患儿的消化系统带来多大负担。

发热时，人体的新陈代谢加快，身体中蛋白质分解加速，多喝水、多排尿、多排汗等是帮助人体康复的措施。这样做同时也使得 B 族维生素和维生素 C 的排出量大大增加。服用各种药品之后的药物代谢也需要消耗 B 族维生素。鸡蛋中含有多种维生素，富含各种 B 族维生素、维生素 D、维生素 E、维生素 A。可见，发热时补充鸡蛋中所含的各种营养成分对患儿是有帮助的。

究竟哪些患者禁忌鸡蛋呢？在临床上，不明原因过敏导致出疹子，一般暂停进食鸡蛋等高蛋白食物。过敏性疾病如紫癜性肾炎等在发病期可能也会暂时禁食蛋类，以避免过敏或加重过敏症状。而明确对鸡蛋过敏者不管是否发热都不能吃各种蛋类。

第四节 过敏宝宝的饮食安排

一、过敏是一个不容忽视的健康问题

过敏已经成为全球一个值得高度关注的问题。世界卫生组织指出，过敏是全球第六大疾病，全球 20% 的人群深受过敏的困扰。全球大约有 1.5 亿人患有哮喘。在特应性皮炎里（俗称"湿疹"），2 岁以下儿童发病率高达 30%。据报道，美国特应性皮炎年医疗费用达 3.6 亿美元。在过敏患者中，食物过敏困扰着全球 2.2 亿~5.2 亿人。

近年来，中国过敏性疾病有快速上升的趋势。有研究提示，从 2000 ~ 2010年中国儿童支气管哮喘患病率 10 年内增加了 1 倍。

宝宝顽固性便秘有可能是过敏惹的祸

临床曾遇到一个患儿，快满月时开始便秘，刚开始 2 日 1 次大便，后来发展到 3 ~ 4 日，5 ~ 6 日，最长一次 8 日才大便。在本地医院看过好几次，配了乳果糖、益生菌、四磨汤……都是刚吃有效，停药后再吃就一点用没有了。

宝宝这种顽固性便秘可能与过敏有关。过敏出现胃肠道症状，既可能是腹泻，也可能便秘。过敏原包括环境因素、食物等，有时候可能找不到过敏原。如果确定是牛奶蛋白导致的过敏，母乳喂养的宝宝，妈妈需要回避食物如牛奶和鸡蛋等，人工喂养的宝宝，就要换成部分水解或深度水解奶粉。此外，可服用能治疗过敏的益生菌，如含有鼠李糖杆菌、乳酸菌、双歧杆菌的益生菌。

二、过敏的临床表现

谈到过敏，一般仅认为是皮肤症状如荨麻疹，或呼吸道症状如过敏性哮喘。

殊不知，过敏导致的临床表现很多，有些症状没有特异性，出现这些症状也不容易与过敏联系到一起（表6-4）。

表6-4 过敏的临床表现

身体部位	临 床 表 现	备注
眼睛	过敏性结膜炎（春季容易发生）	
皮肤	皮肤潮红、伴红斑、瘙痒、出汗等 干性湿疹主要表现为皮肤过度角化变粗，皮肤扎手，好发于脖子及四肢 春季好发荨麻疹，表现为突然发作，全身粉红色斑丘疹，时起时消，伴瘙痒，抓挠后皮疹加重	最常见
上呼吸道	口腔、舌、咽或喉水肿。喉水肿从声音嘶哑、失语到窒息轻重不等 过敏性鼻炎的患儿常常揉鼻子、抠鼻子、打喷嚏、流清鼻涕或者鼻塞 哮喘发作早期症状如打喷嚏、流鼻涕、嗓子痒，随后会突然出现呼吸增快，喘息、憋气，呼吸会有"咝咝"声响，严重时，宝宝不能平躺	喉水肿可窒息而死
下呼吸道	胸紧、刺激性咳嗽、喘鸣、呼吸停止等	
消化系统	恶心、呕吐、肠绞痛、腹泻或便秘等	少见，一般不会单独出现
神经系统	多发性抽动、多动、频繁眨眼睛、耸鼻子、张嘴、耸肩等，严重的宝宝还会出现眼睛上翻、清嗓子、嗓子有怪声	
心血管系统	过敏也会引起心肌损害，表现为宝宝不爱睡觉，入睡困难	
其他	尿失禁，有些1～2岁的患儿会出现频繁咬人现象等	

三、四大环境过敏原

近20年的流行病学调查表明，儿童患过敏性鼻炎、哮喘、过敏性皮炎等过敏性疾病的发病率逐渐上升！环境成了导致儿童过敏的祸首！环境过敏原可分

为：吸入性、食入性、接触性和注入性四大类（表6-5）。

表6-5 过敏原的类别

类别	过 敏 原	容易导致的过敏疾病
吸入性过敏原	被污染的空气、汽车尾气、煤气、花粉、柳絮、粉尘、动物毛发、尘螨、真菌昆虫的鳞、毛、蜕皮、脱屑、残骸、分泌物及排泄物等	症状主要表现在呼吸道如花粉症、过敏性鼻炎、支气管哮喘等
食入性过敏原	食物导致的过敏反应又称为食物过敏，在过敏的儿童中占6%～8% 食物：牛奶、鸡蛋、鱼虾、牛羊肉、海鲜、动物脂肪、香油、香精、葱、姜、大蒜以及一些蔬菜、水果等 药物：抗生素、消炎药等	消化系统常常表现为口唇肿胀、恶心呕吐、上腹不适、腹痛、腹胀、腹泻、严重的出现血便。皮肤上出现湿疹、荨麻疹，呼吸系统可表现鼻炎、哮喘，其他还可以出现结膜炎等
接触性过敏原	如冷空气、热空气、紫外线、辐射、化妆品、洗发水、洗洁精、染发剂、肥皂、化纤用品、塑料、金属饰品（手表、项链、戒指、耳环）、细菌、真菌、病毒、寄生虫等	症状主要表现在皮肤，如接触性皮炎
注入性过敏原	如青霉素、链霉素、异种血清等	症状主要表现在消化道、皮肤、呼吸道等全身的不适反应

四、容易引起过敏的食物

食物过敏也称为食物变态反应等，是进食食物后引起的 IgE 介导和非 IgE 介导的免疫反应，可导致消化系统或全身性的变态反应。

2006 年，加拿大安大略省 13 岁的塞布丽娜·香农在学校就餐时，因发生食物过敏导致死亡，引起了该国对儿童食物过敏风险的强烈反响和关注，并出台了有关法律。

（一）易引起过敏的食物

任何食物都可能会导致过敏。这就不奇怪有人对茄子过敏，有人对黄瓜过敏，还有人对葱、姜、蒜过敏……

通常容易导致过敏食物有牛奶、鸡蛋、花生、坚果、鱼、大豆、小麦等，大约占到食物过敏的 95% 以上。国外对小麦及坚果过敏的人群比较多。

（二）食物过敏的机制

食物变态反应又称食物过敏，是由免疫机制介导的某种食物或食品添加剂等引起肠道内或全身的变态反应。几乎所有导致食物过敏的食物成分都是蛋白质成分，例如牛奶中的酪蛋白、鸡蛋中的乳清蛋白等。

食物过敏与遗传基因有关。父母一方有食物过敏史者，其子女的患病率为30% 双亲均患本病者，则子女患病率可高达 60%。

（1）任何食物都可诱发过敏反应。其中牛奶和鸡蛋是婴幼儿最常见的强变应原致敏食物。

（2）食物中仅部分成分具变应原性。以牛奶和鸡蛋为例，牛奶至少有 5 种具变应原性，其中以酪蛋白、β–乳球蛋白变应原性最强。鸡蛋清中的卵白蛋白和卵类黏蛋白为鸡蛋中最常见的变应原。

（3）食物间存在交叉过敏原。不同的蛋白质可有共同的抗原决定簇[①]，使变应原具交叉反应性。如牛奶过敏者对羊奶也可能过敏；对鸡蛋过敏者对其他鸟类的蛋也可能过敏。而对牛奶过敏则对一般对牛肉不过敏，对鸡蛋过敏一般对鸡肉也不过敏。

（4）食物变应原性的可变性。加热可使大多数食物的变应原性减低。另外，胃的酸度增加和消化酶的存在也可减少食物的变应原性。

---

① 抗原决定簇：它可以是由连续序列（蛋白质一级结构）组成或由不连续的蛋白质三维结构组成，决定抗原性的特殊化学基因，又称抗原表位。抗原决定簇大多存在于抗原物质的表面，有些存在于抗原物质的内部，须经酶或其他方式处理后才暴露出来。一个天然抗原物质可有多种和多个决定簇，抗原分子越大，决定簇的数目越多。

（三）婴儿最常见的过敏食物

婴儿最常接触的致敏食物首当其冲是各种奶品，大多数普通奶粉都是由牛乳或羊乳改进而来的。由于羊奶和牛奶有交叉蛋白抗原，对牛奶过敏的宝宝很可能对羊奶也过敏。

过敏严重可能会导致宝宝营养不良，出现明显消瘦，发育落后或延迟等。一般宝宝脸上有湿疹，妈妈容易注意到；而一些过敏的症状是发生在胃肠道，如肠道黏膜充血，宝宝容易发生腹泻或便秘，很难被发现，时间长了影响营养素吸收。在临床上，很多过敏的宝宝都非常瘦，这可能与过敏导致食物摄入减少或胃肠道吸收不良有关。

随着宝宝年龄增长，对食物过敏可能会逐渐耐受，如婴儿期对牛奶蛋白过敏，1岁以后多数孩子就耐受了。

五、预防过敏的喂养策略

（一）母乳喂养是最佳过敏预防措施

（1）母乳的低敏性。母乳中的蛋白质与人体蛋白质组成相同，因此不易被婴儿免疫系统致敏。母乳中含有蛋白质片段（肽），致敏性低，但可以温和地刺激婴儿免疫系统，诱导免疫耐受，降低过敏的发生。

（2）母乳中所含的正常菌群定植到宝宝的肠道，可以发挥免疫调节功能。

（3）母乳含有大量的细胞因子，能够调节免疫，从而降低宝宝发生过敏的风险。

（4）母乳含有分泌型免疫球蛋白IgA，它能够与大分子物质结合，附着在肠黏膜表面，阻止大分子物质透过肠黏膜。

（二）适度水解奶粉或深度水解奶粉预防宝宝过敏

对于有过敏家族史的宝宝来说，如果无法纯母乳喂养，进食一般的牛奶粉或羊奶粉，则可能会发生过敏，尤其是过敏高风险的宝宝，除了母乳之外，则需要考虑适度水解奶粉或深度水解奶粉而非一般奶粉来预防过敏的发生。有研究表明，用适度水解奶粉或深度水解奶粉喂养过敏高危儿直至 10 岁能够显著降低过敏导致的特应性皮炎的发生概率。

（三）益生菌预防宝宝过敏

大量研究已经揭示，一些益生菌具有预防过敏的作用。能够调整肠道菌群的构成，发挥调节免疫的功能，让免疫维持一定的平衡，达到预防过敏的作用，但不是所有的益生菌都具有这样的效果，也不是含有益生菌的酸奶或饮料就能达到治疗或预防过敏的作用。只有某种特定益生菌制剂才能发挥预防作用，如鼠李糖菌、乳酸菌、双歧杆菌等。

有研究表明，不论是产后哺乳妈妈自己服用益生菌，还是直接喂给婴儿，都可以有效地预防高过敏风险儿早期过敏性疾病的发生，特别是特应性皮炎，这种预防作用可以延续到儿童 4 岁。

母乳的神奇之处在于母乳并非是无菌的，而是含有一定量的益生菌，通过乳汁传递给宝宝。因此，母乳喂养是最佳过敏预防措施之一。

六、常见的牛奶蛋白过敏

牛奶蛋白过敏在婴儿中的发病率较高，国外报道在 2.0% ～ 5.0%，是最常见的过敏性疾病病因，而母乳喂养宝宝的发病率约为 0.5%。

90% 的婴儿出现对牛奶蛋白过敏反应都小于 3 月龄，或在接触牛奶蛋白之后 2 个月出现过敏。一般情况下，1 岁以后，牛奶蛋白过敏症就较少出现了。由于牛奶蛋白过敏没有什么特异症状，因此给诊断带来难度。

牛奶蛋白属于异体蛋白，由于新生儿肠道发育不完善，肠道可能会有一定的"漏洞"，导致大分子蛋白或蛋白的片段不是吸收到血液里，而是"漏到"血液里。这些蛋白分子到了血液以后，会刺激机体发生免疫反应，进而出现过敏症状。

根据《婴幼儿牛奶蛋白过敏（CMPA）诊疗指南》（2007版），对牛奶过敏的婴儿中，各症状表现程度（表6-6）及牛奶蛋白过敏的处理方案（表6-7）如下：

表6-6 牛奶蛋白过敏的程度及症状

身体部位	轻、中度	重度
皮肤	特应性皮炎 嘴唇或眼睑肿胀（血管性水肿） 荨麻疹（与急性感染、药物和其他原因无关）	渗出性或严重的特应性皮炎合并低蛋白血症性贫血或发育迟缓或者缺铁性贫血
消化系统	频繁的反流 呕吐 腹泻或便秘（有或无肛周皮疹）	由于慢性腹泻、拒绝吃奶或呕吐引起发育迟缓；肠道潜血或镜下血便，导致的缺铁性贫血；低蛋白血症；内窥镜或病理证实的肠炎或严重的溃疡性结肠炎
呼吸系统	流涕；慢性咳嗽；气喘（排除感染因素）	流涕、慢性咳嗽，气喘（排除感染因素）
全身	持续性的烦躁或肠绞痛（每天哭闹或烦躁不安持续3小时或以上），且每周至少3天，并持续3周以上	过敏性休克需立即抢救

至少超过1项以上症状

表6-7 牛奶蛋白过敏处理方案

	母乳喂养	人工喂养
轻、中度	继续母乳喂养，但母亲膳食回避牛奶蛋白2周，伴有特应性皮炎或过敏性结肠炎者达4周，同时注意补充钙剂。如果症状无改善，母亲恢复正常膳食，继续母乳喂养，或考虑其他过敏的诊断	需要膳食回避并改用深度水解配方粉，或氨基酸配方粉达到2~4周；如果症状无改善，则膳食回避并服用氨基酸配方粉，或膳食中恢复奶制品。对症状有改善的，可在临床观察下进行开放式激发试验。如果症状再现，膳食中回避牛奶蛋白持续年龄到9~12个月大小甚至更长时间，但总持续时间至少超过6个月
重度	膳食回避并服用氨基酸配方粉，至少2~4周：症状有改善，则由儿科医生拟定诊断方案，无症状则由儿科医生行激发试验	

中度牛奶蛋白过敏应用氨基酸配方粉的指征为：

（1）婴儿拒绝食用深度水解配方粉，但可接受氨基酸配方粉。

（2）深度水解配方粉食用2~4周后症状仍不改善。

（3）从性价比角度考虑，妈妈可能更倾向于氨基酸配方粉。

需要指出的是，深度水解配方粉中仍可残存牛奶蛋白变应原，这可能是导致治疗失败原因之一。深度水解配方粉有时可引起 IgE 介导的反应，在这种情况下应考虑用氨基酸配方粉。对多种食物引起的过敏反应并表现出特定胃肠道症状，可直接选用氨基酸配方粉。

什么是过敏？

正常人体内都有一套生理的保护性免疫反应系统，即当外来物质（又称抗原或过敏原）如某些尘螨、花粉甚至部分致病菌侵入人体时，人体会动员机体的淋巴免疫系统，产生相应的免疫球蛋白等物质，将外来抗原中和或清除。对于过敏体质的人群来说，其免疫反应的程度超出了应有的范围，在对某些外来物质如花粉、蛋白质等抗原产生免疫反应时，表现出过度、过强的反应，从而伤害机体的一些正常细胞、组织和器官，引发局部甚至全身性的过敏性反应如比较常见的皮肤瘙痒、红斑、风团、水肿、鼻塞、流涕、打喷嚏、喘息甚至过敏性休克等。这种异常的超敏反应即为过敏反应。

幼儿期的牛奶过敏或不耐受与特应性皮炎

在特应性湿疹患儿中，有1/3的幼儿对牛奶蛋白过敏或不耐受，在1周岁以下的牛奶蛋白过敏或不耐受患儿中，40%～50%都患有特应性皮炎。

特应性皮炎合并牛奶蛋白过敏或不耐受的患儿，多数能在数年内对牛奶蛋白产生耐受，也就是不过敏了。而持续存在牛奶蛋白过敏或不耐受，患儿大多具有特应性疾病家族史，使用牛奶蛋白后症状发生改变，对多种食物不耐受或出现过敏性疾病。

由于牛奶蛋白过敏的症状具有多样性、非特异性，出现症状与摄入牛奶之间的时间关系不确定，有时候过一段时间之后才会出现过敏症状，这导致临床诊断有一定的难度，甚至只能对症处理，找不到引起过敏的真正"元凶"——牛奶蛋白，这样也导致宝宝长时间反反复复出现过敏症状，最常见的就是"湿疹"。

第五节 肥胖儿童的饮食管理

近年来，儿童超重和肥胖问题越来越严重，发生率也持续上升，尤其在经济发达地区。1993 ~ 2009 年，7 ~ 18 岁中国学龄儿童超重肥胖率和腹型肥胖率变化趋势研究发现，7 ~ 18 岁中国学龄儿童，从体重上判断，超重肥胖率从 8.1%增加到 18.0%；从腹围大小来判断，腹型肥胖率从 15.3%增加到 28.9%，而这种趋势还在不断增加。

以往很多家长认为，孩子胖才健康。如果孩子稍微瘦一点，哪怕是正常体重，很多家长也会寝食难安；如果孩子养胖了，家长却引以为豪。然而，肥胖的孩子不但没有想象的那样健康，还会增加多种并发症风险，肥胖已经严重影响到孩子的身心健康。

一、你家的孩子肥胖吗

肥胖，通常指机体能量摄入超过消耗，多余的能量以脂肪的形式储存于组织，造成体内脂肪堆积过多。简单地说，就是吃进去的能量太多了，而消耗的能量太少了。在肥胖儿童中，95% 以上是单纯性肥胖，仅 5% 左右是疾病导致的。肥胖的判断标准：

1. 结合身高看体重

结合身高，实际体重超过参照人群标准的 10% 为超重，超过 20% 为肥胖；其中超出标准体重介于 20% ~ 30% 为轻度，介于 30% ~ 50% 为中度，大于 50% 为重度。家长可以结合身高来简单判定孩子是否超重或肥胖即可，定期带孩子体检，发现孩子出现超重或肥胖就要及早重视。

2. 体重指数（BMI）

BMI= 体重（千克）/ 身高（米）^{2}

参考标准：7岁以下儿童可使用世界卫生组织制订的《国际儿童生长发育标准》或国家卫生部发布的《中国7岁以下儿童生长发育参照标准》；7岁以上的儿童，则使用中国的BMI参照标准，不同年龄段儿童，BMI的参照标准值不同。我国成人超重和肥胖的界值分别为24千克／米² 和28千克／米² 。一般供专业人士参考。

肥胖引起的各种并发症

肥胖可导致30多种疾病，包括高血压、糖耐量受损、胰岛素抵抗、2型糖尿病、非酒精性脂肪肝、甲状腺功能紊乱、血脂异常、胆石症、阻塞性睡眠呼吸暂停、肥胖低通气综合征、哮喘、性早熟等。肥胖儿童较正常体重儿童更容易骨折。也有研究发现，接近20%住院的肥胖儿童出现不同程度认知功能与注意力下降；肥胖本身引起皮肤损伤、免疫及机械损伤，如银屑病、湿疹、局部破损等，发病率较正常体重儿童及青少年高。另外肥胖引起的社会心理问题在儿童很常见，包括疏远感、自卑、自我形象扭曲、焦虑和压抑等。

1. 高血压

需要注意的是，肥胖儿童可能会出现原发性高血压，且容易被忽视。体重正常、超重及肥胖儿童高血压的检出率分别为2.64%、10.76%和24.49%。因此，预防孩子出现超重或肥胖，对控制成人高血压有重要意义。

2. 2型糖尿病

谈起2型糖尿病，曾被认为是成年期疾病，随着肥胖率的上升，儿童2型糖尿病以每10年20%～30%的速度增加。所以，家长一定要警惕孩子肥胖问题。

儿童和青少年肥胖情况日益严重，糖尿病发病有低龄化趋势。我曾见到一个6岁孩子因为肥胖导致的2型糖尿病。与成人糖尿病患者相比，孩子患2型糖尿病更易发生糖尿病相关并发症，包括进行性神经病变、视网膜病变、糖尿病肾病、动脉粥样硬化等。有研究也发现，在初次诊断2型糖尿病的青少年患者中，很大比例存在糖尿病并发症：13.0%伴微量白蛋白尿，80.5%

伴血脂异常，13.6%伴高血压。

3. 多囊卵巢综合征

研究表明，肥胖可导致女童出现多囊卵巢综合征。多囊卵巢综合征是一种以高雄激素血症、排卵障碍以及多囊卵巢为特征的病变，可表现为多毛症、月经不规则、黑棘皮病、痤疮及溢出性皮脂炎等问题，可能会影响今后生育。

4. 罕见的极度肥胖

临床上，我曾遇到过一个因为基因遗传缺陷导致的肥胖症（Prader-Willi综合征）的患儿，12岁女孩，身高 1.58 米，体重达 164 千克，诊断为极度肥胖。由于极度肥胖，出现心脏病、糖尿病、呼吸困难而住进重症监护室。由于患儿病情危重不久之后去世。

孩子虽然存在基因遗传缺陷，但如果家长及早重视，仍然可以控制孩子体重过快增长，不至于等到出现严重并发症才到医院就诊。

通常，单纯性肥胖或许不会达到如此严重的地步，但是肥胖孩子出现高血压、2型糖尿病、性早熟、睡眠呼吸暂停等问题很常见了。因此，孩子出现超重或肥胖问题，家长必须警惕。

二、儿童肥胖的原因

（1）出生就是巨大儿。这会增加儿童期的肥胖风险，低出生体重儿也容易发生儿童期或成人后肥胖。

（2）遗传因素。家族肥胖，孩子也可能会出现肥胖，家族携带"节约基因[1]"，容易发生肥胖。这种"节约基因"在食物缺乏的年代，几天吃不上饭，机体为了适应环境而储备能量，如今生活富裕了，容易造成肥胖。

（3）饮食结构不合理。主食、肉类、油脂进食过多，造成摄入的能量超出机

---

[1] 节约基因就是能让肌体代谢机制处于节约状态的基因，这是多年以来人们适应恶劣环境的产物。

体的需要量，是肥胖的重要因素。而饮食中主食过于精细，如白米饭、白馒头、白面包、白面条，这些食物含膳食纤维少，在体内消化吸收速度快，机体来不及利用，就会将能量储存起来，容易造成肥胖。

（4）饮食习惯不合理。如饭量过大，喜欢吃甜食、甜饮料、高油脂食物、油炸食品等，同时又摄入过多的零食，经常暴饮暴食，进食速度快。

（5）活动量太少。不爱运动，能量消耗少，容易造成多余的能量转化成脂肪储存于皮下及内脏。

三、婴幼儿时期预防肥胖

（1）准妈妈要合理安排自己孕期的饮食，多咨询专业营养师，尽量避免宝宝出生时就是巨大儿。

（2）宝宝 0 ～ 6 个月尽量母乳喂养。母乳喂养的孩子比人工喂养的孩子发生肥胖的概率要低。

（3）母乳喂养的宝宝也会肥胖。母乳妈妈如果比较胖，且进食大量的含油脂的食物，乳汁中脂肪含量可能就会高，容易导致宝宝肥胖。因此哺乳妈妈需要注意自己的饮食结构，不摄入含油脂过多的食物，注意控制饮食总能量。

（4）母乳喂养注意喂养方式，尽量亲哺亲喂，做到需要多少，吃多少，不过度喂养。

（5）人工喂养或混合喂养，则需要控制总奶量及喂养速度，宝宝需多少则喂多少，而不是拼命灌孩子。有家长为了让孩子多吃点长胖点，使用孔径较大的奶嘴或私自将奶嘴孔改大，这种做法都需要警惕。

（6）为 6 ～ 12 月龄宝宝合理安排奶量及辅食的餐次，避免辅食和奶量总能量超标。辅食中尽量避免果汁，及含纯糖食物的摄入。

（7）1 岁以上的宝宝，同样需要有合理的个体化饮食方案，食物中的能量既不能过低，也不能过高。

（8）定期给宝宝体检，发现有超重或肥胖趋势要及时调整饮食。如果已经是超重或肥胖的儿童，则需要在专业营养医师指导下，制订合理的减肥方案。

四、肥胖儿童的饮食原则

（1）合理控制饮食中总能量的摄入，饮食中碳水化合物、蛋白质、脂肪占能量比例合适，可分别为 50% ~ 55%、15% ~ 20%、25% ~ 30%，因为减肥而不摄入主食或蛋白质类的食物不可取。

（2）严格控制高热量的食物及零食的摄入，包括肥肉、油炸食品、含糖食物及饮料、巧克力等，水果摄入也要控制。

（3）多摄入一些全谷类食物，如全麦馒头、糙米、黑米等，这些食物至少占到主食的一半以上。

（4）适度增加运动量，减少长时间躺着、坐着不动的习惯。

五、肥胖儿童的日常食谱举例参考

对于正处于生长发育中的儿童，减肥需要谨慎，需要饮食控制结合运动，适量减少总能量的摄入，必要时补充复合维生素及矿物质，以免造成微量营养素的缺乏，最好在专业营养师的指导下进行减肥，并注意随访。

举例：一个 5 岁男孩，身高 110 厘米，体重 28 千克，活动量少，每日饮食总能量可以参照下面方式进行计算：在轻体力活动情况下，5 岁正常体重男孩每日所需要的热量大约为 5 857.6 千焦，在不影响健康的情况下，可以每日减少 418.4 ~ 836.8 千焦不等的热量摄入。每日热量控制在 5 020.8 ~ 5 439.2 千焦。

表6-8 5岁肥胖男孩一日食物总量安排

食物	食物分配	说明
主食	全谷类或杂豆120克	可以用薯类（土豆、红薯）代替部分主食
荤菜	畜禽肉类25～50克 鱼虾海鲜类50克 鸡蛋25～50克	可以互换，每周平均最好能达到推荐量
牛奶	低脂或脱脂奶300毫升	不喝牛奶就要考虑补钙。肥胖的孩子容易缺乏维生素D，必要时注意补充维生素D，促进钙的吸收
豆制品	豆腐50克 或豆腐干25克	豆制品也是优质蛋白质，营养价值丰富
蔬菜	绿叶蔬菜200克 其他蔬菜200～300克	蔬菜具有一定的饱腹感，但要控制烹调油的用量
水果类	200克	
坚果类	15克	南瓜子、核桃、开心果或杏仁等
植物油	20克	宜选择亚麻籽油、橄榄油、茶籽油、菜籽油或调和油
盐	3～5克	
饮水	1 000毫升	
活动量	6 000～10 000步不等	根据具体身体情况调整

以上食物重量均为生重，可食部分（可以吃的那部分）

表6-9 5岁肥胖男孩一日食谱举例

餐次	食谱举例
早餐	高钙低脂牛奶200毫升、全麦面包或馒头（全麦粉40克）、鸡蛋50克、醋汁黄瓜拌海带（黄瓜50克，水发海带20克）、香油5克、盐1克
加餐	猕猴桃100克
午餐	糙米饭（糙米40克）、肉片洋葱炒木耳（瘦猪肉30克、洋葱100克、干木耳5克）、莴笋炒鸡片（鸡肉20克，莴笋100克）、小白菜豆腐汤（豆腐50克，小白菜50克）、植物油7.5克、盐2克
加餐	苹果100克、低脂酸奶100克
晚餐	黑米小米饭（黑米、小米各20克）、清蒸黄花鱼（黄花鱼50克）、蒜泥菠菜（菠菜150克）、冬瓜西红柿汤（冬瓜100克，西红柿50克）、植物油7.5克，盐2克

第七章

吃得好还要吃得对

1. 缺钙的宝宝，缺的不一定是"钙"，很可能是维生素D。

2. 6个月以后的宝宝铁缺乏则可以通过食物补充，摄入添加强化铁或含铁丰富的辅食。

3. 锌在血液里的含量是有波动的，1次血清里的锌含量低不能判定宝宝缺锌，需要多次检查，还要结合膳食分析和临床症状。

4. 一直"饮"食，有可能影响宝宝正常发育。

第一节　各类营养素的补充

一、钙、维生素D和鱼肝油

（一）不同月（年）龄宝宝钙的需求量

0～6个月以内的宝宝，每日推荐摄入200毫克左右的钙。母乳含钙约为35毫克/100毫升，配方奶50毫克/100毫升。不难算出，200毫克的钙，相当于600毫升母乳或400毫升配方奶。因此对于母乳喂养的宝宝来说，只要母乳摄入达到600毫升，宝宝一般不会缺钙。

1岁后宝宝的饮食开始逐步向成人过渡，每日仍需要600毫克的钙。建议如果妈妈还有母乳则继续母乳喂养，母乳量最好能在600～800毫升以上。人工喂养的宝宝，配方奶量则最好在400～500毫升。除此之外，钙还可以从其他食物中来，如纯酸奶、纯牛奶、豆腐、绿叶蔬菜、芝麻酱等。

3岁以上的宝宝，每日摄入奶类最好在300～400毫升以上，同时注意摄入绿叶蔬菜、豆腐等含钙丰富的食物，以保证钙的充足来源。

表7-1　不同月（年）龄宝宝钙的推荐摄入量

（毫克/日）

月（年）龄	推荐摄入量	可耐受最高摄入量
0~6月龄	200	1 000
6~12月龄	250	1 500
1~3岁	600	1 500
4~7岁	800	2 000
7~11岁	1 000	2 000
11~14岁	1 200	2 000

参考《中国居民膳食营养素参考摄入量》（2013版）

根据推荐摄入量，对于 6 月龄以内的健康宝宝，可耐受的钙的每月最高摄入量为 1 000 毫克，7 ~ 12 月龄则为 1 500 毫克，1 ~ 3 岁也为 1 500 毫克，3 岁以上为 2 000 毫克。

从饮食中获取的钙是最安全的，一般不会过量，多余的钙人体吸收不了也会被人体排泄掉。但是，如果宝宝不缺钙又去补充钙剂则可能会导致钙补充过量，轻则加重肾脏的排泄负担，重则对健康造成危害，同时也会影响其他矿物质的吸收。因此，尽量从食物中获取足够的钙，确实不足，可以在医生指导下补钙，但不能乱补。

（二）宝宝不容易缺钙，但容易缺维生素 D

通过前面的分析可以看出，宝宝如果每日奶量充足，就不容易单纯缺钙。另外，矿物质在体内吸收率变化很大，当人体缺乏时，吸收率就会变高；反之，则会降低。

宝宝真正容易缺乏的是维生素 D。维生素 D 类似于钙吸收的一把"钥匙"，可打开钙吸收的"通道"。缺乏维生素 D 的帮助，即使有再多的钙，人体也无法吸收。通常所说的佝偻病，不是缺钙，而是缺乏维生素 D 引起的。

3 岁以内的宝宝维生素 D 适宜摄入量每日为 400 国际单位（10 微克），3 岁以上的儿童每日推荐量还是 400 国际单位，800 国际单位以内的剂量都是安全的（治疗剂量则需要更高）。

母乳喂养的孩子容易缺乏维生素 D。由于母乳中维生素 D 含量低，从母乳中获取的维生素 D 很有限，所以纯母乳喂养的婴儿，容易缺乏维生素 D，尤其在冬季，宝宝户外时间较少。缺乏维生素 D 更容易导致佝偻病，严重的还会出现鸡胸、"O"形腿、"X"形腿等。

很多家长担心吃维生素 D 会中毒，不敢给孩子吃，有些患儿甚至已经诊断为佝偻病的孩子，由于家长的误解没有听从医嘱，延误了治疗时机，导致病情加重。其实，预防剂量的维生素 D 可以长期服用，不会引起中毒。

维生素D需要补多久？

　　我国医生建议，儿童从出生 2 周开始，每日摄入维生素 D400 国际单位，最好持续摄入到 2 周岁半以后，来源包括晒太阳、母乳或配方奶、维生素 D 制剂。而美国儿科学会则推荐每日摄入 400 ～ 600 国际单位的维生素 D 到整个青春期（1 岁以内 400 国际单位，1 岁以上 600 国际单位）。在缺乏维生素 D 的情况下，作为治疗会超过 800 国际单位，甚至达到几千单位，持续 1 月以上，而单次治疗剂量甚至可达到几万单位。

　　维生素 D 属于脂溶性的，暂时不用时会储存起来，以备随时调用。2 岁半以上的儿童可以通过户外活动获得维生素 D，但在冬季，或持续的阴雨、雾霾天气，通过晒太阳的方式获得的维生素 D 会受到很大的影响。遇到这种情况，可以隔三差五给孩子补充点维生素 D，或者选择强化维生素 D 的奶类如配方奶等，也是可行的。

（三）鱼肝油含维生素 D 和维生素 A

　　让我们先看看鱼肝油的成分，鱼肝油同时含有维生素 A 和维生素 D，市售一般婴儿食用的鱼肝油中通常含 400 ～ 500 国际单位的维生素 D 和 1 300 国际单位左右的维生素 A。还有一种鱼肝油标记为 1 岁以上的人群食用，含有 700 国际单位的维生素 D 和 2 000 国际单位左右维生素 A。这些鱼肝油对于 1 岁以上的幼儿每天 1 粒，或隔 1 ～ 2 天吃 1 粒都是安全的。

　　很多家长担心吃鱼肝油会导致维生素 A 过量。根据推荐摄入量，1 岁以内宝宝维生素 A 推荐量为 6 月龄前为 1 000 国际单位 / 日，6 个月以后 1 200 国际单位/日左右，总摄入 2 000 国际单位/日以内的剂量也是安全的。

在通常情况下，母乳喂养的宝宝，只要妈妈营养均衡，宝宝可以从母乳中获得足够的维生素 A。人工喂养的宝宝可以从奶粉中获得足够的维生素 A，而如果每日再摄入 1 500 国际单位的维生素 A 可能会超过 2 000 国际单位。2 000 国际单位是可耐受最高摄入量（UL），意思就是说每日摄入不超过 2 000 单位的维生素 A 都是安全。

由于维生素 A 是脂溶性，会蓄积。大剂量摄入维生素 A 可能会中毒，如儿童单次服用 2 万国际单位以上，或每日摄入 1 万国际单位以上，超过 1 个月以上可能会中毒，引起头痛、肝大、出血等症状。有孩子曾误服 10 万单位的维生素 A，出现呕吐、腹泻、嗜睡等急性中毒症状，几天之后才恢复过来。

宝宝会维生素A缺乏吗？

有资料显示，母乳中的维生素 A 含量不稳定，容易受哺乳妈妈营养状况的影响。这提示，如果哺乳妈妈的饮食安排不合理，可能会影响母乳中的维生素 A 含量，导致宝宝不能从母乳中获得足够的维生素 A，有早期发生维生素 A 缺乏的危险，如果哺乳妈妈营养相对比较均衡，母乳中的维生素 A 能够满足宝宝的需要。

根据《中国 0 ~ 6 岁儿童营养发展报告》（2012 版），1982 ~ 2006 年，5 岁以下儿童维生素 A 缺乏率为 10% 左右，虽然经过这么多年这种情况改善还是不明显，也提示儿童维生素 A 缺乏问题不容乐观，主要还是在落后贫困地区突出，对于较发达地区幼儿维生素 A 缺乏问题已经不是那么常见了。

（四）选择鱼肝油还是纯维生素 D？

对于母乳喂养的宝宝，如果哺乳妈妈营养均衡，可以选择补充纯维生素 D，

225

不用选择鱼肝油，但有研究表明，服用维生素 A 和维生素 D 约达到 3∶1 的比例吸收效果高。同时还要注意让宝宝适度晒太阳，摄取天然维生素 D。

因此，建议如果哺乳妈妈饮食结构不合理，或母乳妈妈处于相对落后的农村，那么宝宝最好能补充鱼肝油。补充维生素 D 的同时也补充了维生素 A。

当然，即使哺乳妈妈饮食均衡，母乳喂养的宝宝每日补充 1 粒鱼肝油也是可以的。目前尚未见到每日补充 1 粒鱼肝油（含维生素 D400 国际单位，维生素 A1 500 国际单位）发生不良反应或中毒的报道。

一些配方奶粉中已经强化了维生素 D，不同品牌的奶粉强化的维生素 D 可能有差别。一般情况下，每摄入 1 000 毫升配方奶，可以获得 400 国际单位维生素 D。

人工喂养的宝宝，如果能够每日摄入 500 毫升的奶量，就能从奶中获得大约 200 国际单位的维生素 D，因此只需要再获得 200 国际单位就够了。在夏季通过适度晒太阳就不能补充维生素 D 了，如果在冬季，可以隔天补充 1 粒 400 国际单位的维生素 D 制剂。

但如果宝宝需要 800 国际单位的维生素 D 作为治疗剂量时，服用 2 粒鱼肝油持续时间较长则可能维生素 A 摄入较多，这种情况则可以服用维生素 D 制剂和鱼肝油各 1 粒或服用 2 粒纯维生素 D。

二、铁缺乏和补铁

铁缺乏是全球最常见的营养素缺乏症。据联合国儿童基金会统计，全球大约有 37 亿人缺铁，其中大多数是妇女，发展中国家 40%～50% 的 5 岁以下儿童和 50% 以上的孕妇患缺铁病。

据调查显示，我国婴儿缺铁性贫血的患病率约为 20%，而铁缺乏超过 50%。幼儿缺铁性贫血的患病率约为 10%，而铁缺乏超过 40%。《中国 0～6 岁儿童营养发展报告》（2012 版）指出，2010 年，6 ~ 12 月龄农村儿童贫血（主要是缺铁性贫血）患病率高达 28.2%，13 ~ 24 月龄儿童贫血患病率为 20.5%。这提示，缺铁及缺铁性贫血问题在我国依然严峻。

（一）铁在人体内的功能

铁在人体体内含量不多，一般为 3 ~ 5 克，但却是人体很重要的必需微量元素。铁主要存在于血红蛋白、肌红蛋白、血色素酶类，参与造血功能、体内氧气运输和组织细胞 "呼吸"，以及免疫、解毒和抗氧化过程等功能。

铁缺乏是指机体总的铁含量降低，随着铁缺乏的程度不同，可以分为铁减少期、红细胞生成缺铁期和缺铁性贫血。缺铁性贫血是最为严重的阶段，这个时候机体储存铁消耗殆尽，不能满足正常红细胞生成的需要而发生的贫血。由于特殊人群孕妇、婴幼儿对铁的需求相对较多，因此是缺铁性贫血的高发人群。

（二）缺铁性贫血的危害

1. 孕妇

轻者皮肤黏膜略苍白，无明显症状。重者面色黄白，全身倦怠、乏力、头晕、耳鸣、眼花，活动时心慌、气急、易晕厥，伴有低蛋白血症、水肿，严重者合并腹腔积液。

准妈妈患有缺铁性贫血会影响胎儿的发育，影响胎儿体内铁的储备，可能造成宝宝出生后早早地患上缺铁性贫血。而孕前缺铁的女性易导致早产、孕期母体体重增长不足以及新生儿低出生体重。

2. 婴幼儿

大量的研究证明，铁缺乏可影响到儿童生长发育、运动和免疫等各种功能。铁缺乏可导致宝宝食欲下降，少数宝宝会出现异食癖；有的出现口腔炎、舌炎，严重者可发生萎缩性胃炎或吸收不良综合征。

严重缺铁会损伤神经系统，影响宝宝认知、学习能力和行为发育，可持续到儿童期，且是不可逆的损害，铁剂治疗也不能完全恢复损害的认知行为。据联合国儿童基金会的报告，缺铁性贫血的儿童智商较正常儿童平均低9个百分点，我国发现贫血儿童的运动和智能发展指数较正常儿童低，因此对学习以及成年后就业都有着重大和深远的影响。

缺铁性贫血可使机体免疫功能下降，儿童感染疾病的机会增加。同时，铁缺乏时肠道有毒重金属吸收增加，如铅、镉等，造成进一步危害。

6月龄以后的宝宝容易缺铁

通常情况下，足月正常的新生儿，体内储存的铁及从母乳或配方奶中获得的铁，能够满足6个月内生长发育的需要，6个月以后应及时添加强化铁或含铁丰富的辅食。由于辅食添加不及时或不当，是导致6～12月龄婴儿铁缺乏或缺铁性贫血的主要原因。

孕期准妈妈患有缺铁性贫血可影响胎儿铁的储备，增加婴儿期铁缺乏或缺铁性贫血的概率。而早产、双胎或多胎、胎儿失血和孕妇严重缺铁均可导致胎儿先天储铁减少，容易患上缺铁性贫血。宝宝由于饮食结构不合理，铁摄入不足，也会导致铁缺乏或缺铁性贫血。

（三）通过饮食预防缺铁性贫血

1. 孕妇

孕期应注意摄入富含铁的食物。摄入含血红素铁的动物性食物，如瘦猪肉、牛肉、羊肉、鸭肉、鸡肉及鱼类。动物血和肝脏含铁丰富，营养价值较高，但也有含重金属等其他有毒有害物质的风险，所以要谨慎选择肝脏类和血块制品。在确定相对安全的情况下，每周可以适量进食 1 ~ 2 次。必要时，从妊娠第 3 个月开始，在医生指导下补充铁剂及叶酸等其他维生素和矿物质。同时，注意摄入黑木耳、绿叶蔬菜等食物。全谷类，这类植物性食物所含的铁吸收率不高，需要通过摄入含维生素 C 丰富的蔬菜和水果来促进铁的吸收。

对于摄入肉类、肝脏、血块制品等食物较少的人群以及素食者患贫血的风险性可能较高，可以选择强化铁的食品，如强化铁的酱油。必要时，在医生指导下使用铁剂作为预防和纠正铁缺乏或缺铁性贫血。

2. 早产儿和低出生体重儿

提倡母乳喂养，在医生指导下补充铁剂，直至 1 周岁。人工喂养的宝宝应采用强化铁的配方奶粉，一般不需要额外补铁。由于鲜奶中铁的含量和吸收率低，1 岁以内不宜采用单纯鲜奶喂养。

3. 足月儿

尽量纯母乳喂养 6 个月，此后继续母乳喂养，同时及时添加富含铁的辅食如强化铁的米粉、肉类等。混合喂养和人工喂养的宝宝应采用强化铁的配方奶粉，并及时添加富含铁的米粉、肉泥类。

富含铁的食物

食物中的铁有两种存在形式：非血红素铁及血红素铁。非血红素铁主要存在于植物性食物中，如人们常说的黑木耳、黑芝麻、绿叶蔬菜等。由于受其他食物成分的干扰，这类铁的吸收率极低。米面中铁的吸收率只有 1% ~ 3%。血红素铁主要存在于动物性食品中，不受其他食物成分干扰，吸收率较高。富含铁的食物包括动物肝脏、血块制品、畜禽肉、鱼类等，其中肝脏中铁的吸收率达 35%。

维生素 C 可以促进铁的吸收，使食物中的铁转变为能吸收的亚铁。维生素 C 的主要来源是新鲜的蔬菜和水果，如深色蔬菜：油菜、生菜、菠菜等，水果有鲜枣、猕猴桃、草莓、柑橘、橙子等。

（四）铁缺乏或缺铁性贫血的治疗

是否为铁缺乏或缺铁性贫血，需要医生进行诊断。一般情况，6 个月以后的宝宝铁缺乏可以通过食物补充，摄入添加强化铁或含铁丰富的辅食。而一旦确诊为缺铁性贫血，则说明体内储存的铁消耗殆尽，需要尽可能查找缺铁的原因，并采取相应措施去除病因。在医生指导下，使用铁剂治疗。服用铁剂时可同时口服维生素 C 促进铁的吸收。并在血红蛋白正常后继续补铁 1 ~ 2 个月甚至更长时间，恢复机体储铁水平。必要时，同时补充 B 族维生素。

需要注意的是，虽然宝宝长时间铁缺乏影响健康，但过量补充铁剂同样会损害健康，还可能会影响到其他微量元素的吸收。因此，不可盲目补铁剂，而是应在医生指导下补充。

三、锌缺乏和补锌

很多家长进行营养咨询时，开口就说："医生，我家长孩子不肯吃饭，给查查是不是缺锌？"那么，宝宝不肯吃饭是不是和锌缺乏有关系？

（一）锌在人体内的功能

锌是一种微量元素，在人体内参与上百种酶的构成，一旦缺乏，会影响这些酶的活性，造成儿童出现食欲不佳、异食癖、免疫力下降、生长发育减缓等，但锌在人体属于微量元素，需要量不大（表7-2）。通常情况下，对于6个月以内的婴儿，每日推荐摄入2毫克的锌，6~12月为3.5毫克，1~3岁为4.0毫克，4~6岁为5.5毫克。儿童随着年龄的增加所需要的锌也逐渐增加。成年男性每天推荐量为12.5毫克/日，女性为7.5毫克/日，孕期女性为9.5毫克/日，哺乳妈妈为12毫克/日。

如果孩子饮食结构不合理，奶类、肉类、鱼类、海产品等摄入较少，或偏素食就容易造成锌缺乏。

表7-2　不同月（年）龄宝宝锌的推荐摄入量

（毫克/日）

月（年）龄	推荐摄入量	可耐受最高摄入量
0岁~	2.0	—
0.5岁~	3.5	—
1岁~	4.0	8.0
4岁~	5.5	12

参考《中国居民膳食营养素参考摄入量》（2013版）

（二）什么情况下宝宝会锌缺乏呢？

如果宝宝长期拉肚子，容易造成锌吸收不良，出现锌缺乏。还有就是宝宝的饮食不合理，如有的宝宝长期以白稀饭为主，荤食太少。

对于以奶类为主的婴儿，由于奶里含有锌，无论母乳喂养，还是人工喂养，只要奶量充足一般不会缺锌。大一点幼儿饮食不像大人那样有规律，有时吃得多有时吃得少，偶尔不吃饭不代表缺锌。家长不能随便给宝宝补锌，补多了会影响铁等其他微量元素的吸收，反而不利健康。

很多家长给宝宝检查微量元素来判断是否缺锌，其实，单靠这个判断是不靠谱的。锌在血液里的含量是有波动的，一次血清里的锌含量低不能就断定宝宝缺锌，需要多次检查，还要结合膳食分析和临床表现。如果两次以上检查锌较低，且孩子的饮食有缺锌的风险，又有缺锌的临床症状，才可以诊断为锌缺乏，需要补锌治疗。科学合理安排宝宝的饮食，一般不会缺锌。而宝宝不肯吃饭原因很多，不一定是锌缺乏造成的，也可能是其他营养素缺乏或其他原因导致的。

(三) 哪些食物含锌丰富？

通常，瘦牛肉、瘦羊肉、蛋黄含有丰富的锌，坚果和种子类食物如松子、杏仁、黑芝麻等也含有丰富的锌（表7-3）。海鲜类含锌往往非常丰富，如海蛎肉含锌可高达47.05毫克，但需要提醒的是，刻意通过食物摄入过多的锌也未必就是好事。有的家长为预防孩子锌缺乏，给孩子吃过多的肉类，这可能会带来肥胖等健康问题。

表7-3　每100克食物含锌量

（毫克/100克）

食物名称	锌	食物名称	锌
牛奶	0.42	青鱼肉	0.96
某配方奶	0.57	鲈鱼	2.83
瘦猪肉	2.99	杏仁（烤干）	3.54
瘦牛肉	3.71	松子（炒）	5.49
瘦羊肉	6.06	黑芝麻	6.13
鸡蛋	1.1	牡蛎	9.39
鸡肉	1.09	鲜扇贝	11.69
鸡蛋黄	3.79	海蛎肉	47.05

参考《中国食物成分表》（2009版）

第二节　非营养问题

一、宝宝发音障碍，持续"饮"食惹祸

临床上我碰到一个 2 岁的宝宝，说话像讲"天书"，别人听不懂，经检查，宝宝智商没有问题，也没有任何器质性病变。究其缘由，原来是宝宝一直"饮"食惹的祸。到底怎么回事？

语言离不开发音器官、听觉器官和大脑功能。如果发音器官无形态及功能异常，但发音得不到足够训练，会导致构音障碍，出现构音错误、说话不清晰，使别人听不懂。另外还有一种情况在婴儿期辅食引入不当，口腔咀嚼吞咽能力得不到应有的训练，也可能会影响宝宝今后咀嚼、吞咽能力，甚至影响宝宝的正常发音。

如何避免宝宝出现非器质性构音障碍？

（1）对于足月健康出生的宝宝，满 6 个月以上需要及时引入辅食，同时辅食不能迟于 8 个月添加，这期间是训练宝宝咀嚼、吞咽及口腔器官运动协调的"窗口期"，错过之后会造成很多问题。

（2）添加辅食以后，需要不断改变宝宝的食物性状，由稀到稠，由软到硬。如满 6 月龄就需要尝试泥状食物，如婴儿米粉泥、肉泥、鱼泥、菜泥、水果泥；7～9 月龄期间就可以逐步过渡到末状食物，如稠粥、烂面条、肉末、菜末、水果块等，10～12 月龄就可以逐步过渡到碎食物，如碎馒头、软饭、碎肉、馄饨、水果条等。满 1 岁以后就可以逐步过渡到成人饮食模式了。

（3）婴儿添加辅食以后，家长不能一直喂宝宝，还需要逐步训练宝宝自己进食的能力，哪怕吃得一片狼藉，这有利于训练宝宝的协调能力和自己进食的能力。有的妈妈喜欢喂饭，甚至喂到宝宝上小学，这种做法显然不恰当，看似爱宝宝，实则害宝宝。

一直"饮"食会导致宝宝构音障碍。因此，在喂养宝宝的过程中应及时调整宝宝的饮食模式，宝宝在不同阶段进食不同性状的食物，给他学习和训练的机会，不能为了让宝宝"省事"，持续给婴幼儿只进食流质食物，这样做不但造成宝宝今后喂养困难，还造成宝宝说话晚或构音障碍等问题。

二、宝宝吃手是营养问题还是行为问题

看到宝宝 3 月龄以后开始吃手，很多家长觉得非常奇怪，有时候看着宝宝把手指都吃红了，如果强行拿开，过一会儿又开始吃起来了，怎么回事？其实，宝宝吸吮手指是有原因的，家长需要了解：

（1）3 ～ 4 月龄的宝宝出现生理吸吮要求，便开始吃自己的手了，拿到什么都往嘴里送，这一动作可能发生在宝宝清醒的任何时候，比如饥饿时或睡前自吮手指，以寻找安慰。别小看这一动作，这是宝宝自我认识的一个过程。家长只需要注意宝宝的手上的卫生，避免感染疾病。

（2）宝宝到了 7 个月的时候，吃手指的现象可能会更加明显，且在 8 个月左右会更加频繁，一直持续到 2 岁以后才逐步消失。因此，在这期间吃手多是一种正常的行为。如果家长过分剥夺宝宝这个时期吃手的"权力"，未必是好事。有的家长为了阻止宝宝吃手，给宝宝戴上手套，一般情况下这种做法不可取。

（3）有的宝宝到了 4 岁以后仍然还在吸吮手指，这就属于行为问题了，多在孤独、疲劳、沮丧等时发生，需要进行行为矫正。有的家长打骂宝宝，强行制止，然而这一行为可能更加严重。如果宝宝太孤独，或许经过吃手指达到自我安慰，并成为一种习惯，无论在看书学习还是玩耍时都可能会发生。

长期吸吮手指会影响牙齿、牙龈及下颌发育，导致下颌前突、齿列不齐，甚至妨碍咀嚼。对于婴儿不必强行制止，但对较大儿童要进行纠正、分散转移其注意力，同时也给予表扬和鼓励，达到逐步消除的目的。家长需要多爱护、关心宝

宝，特别是心理上的关爱，有利于宝宝戒除不良的行为。

由此可以看出，宝宝从 3 月龄开始吃手，是一种正常的生理现象，但是到了 4 岁以后还经常吸吮手指就属于行为问题了，需要采取合适的方法才能帮助宝宝改掉这一不良行为。

三、夜磨牙，是缺钙还是宝宝肚子里有虫

很多家长发现，无论是幼儿，还是学龄儿童，夜间都有磨牙现象，宝宝为什么会磨牙？是缺钙还是肚子里有虫呢？

夜磨牙是中枢神经系统大脑皮质颌骨运行区的部分脑细胞不正常兴奋导致三叉神经功能紊乱，三叉神经支配咀嚼肌发生强烈持续性非功能性收缩，使牙齿发生咀嚼运动发出"嘎嘎"响声。即使到了成年后，很多人还存在夜磨牙现象。

有人会问，睡着了，为什么还在磨牙？磨牙通常发生在浅睡眠阶段，就是眼球快速运动睡眠期。在这个阶段，还会做梦，有的梦无法回忆起来。大约 15% 的 3～17 岁儿童会出现夜磨牙，男孩较多，常有家族内多发倾向。

目前对于磨牙的原因尚未明确，可能与日间焦虑、心理压力、紧张恐惧等有关。相关因素还包括蛔虫感染、过敏性鼻炎、肛门瘙痒、慢性腹部疾病、神经系统疾病（脑膜炎、脑瘫）及口腔疾患（牙齿缺失、过长、长牙等）。

（1）肠内寄生虫病，尤其是肠蛔虫病，在儿童中多见。经常接触泥土等的宝宝，感染风险较高。

（2）胃肠道的疾病、口腔疾病。

（3）临睡前宝宝吃了不易消化的食物，待睡着后都可能刺激大脑的相应部位，通过神经引起咀嚼肌持续收缩。

（4）精神因素。宝宝白天情绪激动、过度疲劳或情绪紧张等精神因素。

（5）缺乏维生素。患有维生素 D 缺乏性佝偻病的宝宝，由于体内钙、磷代

谢紊乱，会引起骨骼脱钙，肌肉酸痛和自主神经紊乱，常常会出现多汗、夜惊、烦躁不安和夜间磨牙。

（6）换牙期间的磨牙现象。宝宝8～11岁换牙期间，因为牙龈发痒，很容易产生轻微的磨牙现象，这期间轻度磨牙属正常现象，如果比较严重就需要治疗了，过了这个阶段，通常会自行消失。

（7）情绪和生活规律的影响。学习比较紧张，压力大，在晚间看惊险的打斗电视、入睡前玩耍过度，这些因素都会引起磨牙。另外，如果因某件事情长期受到爸爸妈妈的责骂，引起压抑、不安和焦虑，也会出现夜间磨牙的现象。

由此可见，磨牙并非是缺钙或蛔虫感染那么简单，还包括其他原因，但磨牙也并非都是由疾病引起的，宝宝白天情绪激动、过度疲劳或情绪紧张等精神因素也可能会磨牙。

如果家长怀疑宝宝肚子里有虫，需要做相应的检查，确诊有虫，则需要驱虫，妈妈切不可仅凭自己的猜疑就给宝宝吃打虫药。

由疾病导致的宝宝夜间磨牙如果时间较长，虽经相应的治疗，但因大脑皮层已形成牢固的条件反射，因此夜间磨牙动作不会立即消失，容易形成一种习惯性磨牙，特别是胃肠道疾病虽有好转，但胃肠功能紊乱依然存在，所以磨牙动作不能在短时间内纠正过来，必须坚持较长时间的治疗才能好转。

如果夜间磨牙严重可引起儿童日间咀嚼肌紧张、颞下颌关节痛、紧张性头痛、面部疼痛和颈部僵硬，以及牙损害。如果是疾病导致，应以治疗原发病为主，对于器质性病变者，则应仔细查明，并及时给予解除。顽固者宜行为治疗或生物反馈治疗。

第三节　特殊时期的饮食健康

一、节假日饮食健康

（一）不宜经常在外吃大餐

经常在外就餐会增加脂肪和盐的摄入。孩子吃惯了重口味，就容易养成重口味的饮食习惯，发生肥胖的概率也会增加。因此，要控制孩子在外就餐的频率，尽量在家就餐。

如何应对在外就餐？

1. 点菜有技巧

（1）点菜要做到荤素搭配，尽量避免太荤、太油腻的菜肴。

（2）选相对健康的烹制方式，如拌菜、炒、清蒸、炖等，避免煎炸、烧烤食物；如凉拌菠菜、西红柿炒鸡蛋、清蒸鲈鱼、盐水虾、麻婆豆腐、西湖牛肉羹等。

（3）尽量少盐、少油，符合孩子的口味。

（4）尽量避免甜饮料，可以选用白开水、大麦香茶、柠檬茶、现榨不加糖的果汁、玉米汁。

2. 应对重口味有窍门

（1）备一碗白开水，涮去菜里过多的油和盐。

（2）注意让孩子摄入一些汤或羹来增加饱腹感，如西红柿蛋汤、菌菇汤等。

（3）避免暴饮暴食，吃七八分饱为宜。

3. 注意手卫生、餐馆餐具卫生

（1）孩子就餐前要勤洗手。因为孩子可能会用手抓着吃，如果卫生做不好，容易感染细菌、病毒，或有毒有害物质如重金属铅。

（2）选择一些有信誉且就餐环境相对好的餐馆；餐具需是经过严格消毒的，

防止感染性疾病通过餐具、碗筷传播。

（二）节日佳肴也要适量

中国人的传统节日很多，与节日相关的美食也很多，比如端午节，粽子和咸鸭蛋是节日必不可少的食品；到了中秋节，商场里各式各样的月饼。如何在节日里，享受美味的同时，又能兼顾健康呢？

1. 粽子

粽子以糯米为主要原料做出，而糯米中所含淀粉主要是支链淀粉，淀粉酶容易催化支链淀粉迅速水解成葡萄糖，对血糖造成一定的担负，尤其是对于糖尿病和糖尿病前期（糖耐量受损）人群。而且这类淀粉在冷的情况下，淀粉会"老化"，变得不太好消化，因此需要趁热吃。

添加肉类及猪油，更不容易消化了，而冷肉粽，对于消化能力差的人说，可能会给胃肠带来负担。这就不难理解为何吃冷粽子会引起胃痛、腹胀等不良反应。

（1）1岁以下婴儿由于咀嚼能力差、消化能力不强，不建议吃粽子。

（2）1岁以上的幼儿，可以少量尝试热的白粽，最好不要吃难以消化的肉粽。

（3）3～6岁以上可以适当进食，当作主食的部分。最好选择小粽子，这样可以避免吃太多，也不要选择难以消化的肉粽。

（4）6岁以上孩子一般可以正常进食粽子，但也不要进食太多，如每次1～2个热粽当主食或主食的一部分。

对于糖尿病患儿来说，最好还是少吃粽子或不吃粽子，容易引起血糖波动。如果进食粽子，就要减少主食的摄入量。肥胖儿童也要注意限制进食粽子。对于腹泻，或进行了消化道手术等消化道功能不全的患儿，最好不吃为妙。

2. 咸鸭蛋

从营养价值上来说，鸭蛋与鸡蛋的营养价值相差不大，鸭蛋含维生素 A 丰富。咸鸭蛋最大的特点就是咸。一般情况下，一个咸鸭蛋含有 2～3 克盐。由于原味的鸭蛋腥，口感不好，而咸鸭蛋就变成了很多人的美味。

1 岁以内的宝宝不适合吃咸鸭蛋，1 岁以上的幼儿可以进食少量鸭蛋黄。儿童也要控制吃咸蛋黄的量，最好不吃咸蛋黄。而对于蛋类过敏及患有肾病需要低盐饮食的患儿，则不宜食用鸭蛋。

3. 月饼

月饼能量之高有时候超出你想象！一个重约 180 克的月饼，热量竟高达 3 347.2 千焦以上，相当于 3 碗白米饭的热量。

有报道，每年中秋节过后，各大医院都会收治不少"月饼综合征"的患者。大多数患者是因为吃月饼太多，导致消化不良、腹泻，甚至胰腺炎发作。也有一些糖尿病患者月饼吃多了，引发了高血糖。脂肪和糖分含量极高的月饼品种是双黄莲蓉，胆固醇低但糖分很高的是五仁月饼和豆沙月饼。

对于 1 岁以上的幼儿，可以少量尝试月饼，注意不要过量，同时注意选择适宜的月饼，如豆沙月饼或蛋黄月饼，不宜吃带整粒坚果仁的月饼。一块月饼，可以切成 4～6 小块，全家人一起分着吃。

二、雾霾天的饮食安排

PM2.5 进入人体后，可能通过其产生的自由基等对人体产生毒性。而人体为清除这些有毒有害物质，必要调动体内的抗氧化系统来维持体内的平衡。为了达到体内环境的平衡，让身体处于最佳状态，我们可以通过饮食摄入维生素 A、β-胡萝卜素、维生素 C 和维生素 E，以及微量元素锌、硒、锰等各种营养素。一些生物类黄酮、花青素、硫化物等非营养素的植物化学物同样具有抗氧化、抗肿瘤的作用。

对于一般人群(6岁以上),每日至少进食蔬菜300～500克,水果200～400克,甚至更多。富含β-胡萝卜素的食物有胡萝卜、西红柿等,而西兰花、洋葱、大蒜富含有硫化物。富含维生素C的水果有野酸枣、猕猴桃、草莓、橙子等。此外,安全来源的动物肝脏(个别动物的肝脏如狗肝等含维生素A极高不宜食用)富含维生素A等多种维生素及矿物质,可以适量摄入。通过食物多样化,合理搭配,来均衡营养,让身体功能处于最佳的状态。

虽然没有特效的食物能够抵抗雾霾,但合理搭配饮食,让机体的营养处于最佳状态,有利于维护机体免疫力,从而达到更好的对抗雾霾的效果。

在各类营养素中,蛋白质、铁、锌、维生素A、维生素D、维生素E、维生素C等在维持免疫力方面都发挥着重要作用,如维生素A、维生素D在维护皮肤黏膜的免疫功能,具有抗感染的作用,缺乏会降低机体免疫力。因此,雾霾天的饮食安排要注意下面几点。

(1)饮食均衡、全面,食物品种要多样化。

(2)多吃新鲜的蔬菜和水果。注意选择营养价值高的深绿色蔬菜,如绿叶蔬菜,含有丰富的β-胡萝卜素、维生素C、钾、镁等,β-胡萝卜素可以合成维生素A,有利于增加机体的免疫力,降低呼吸道感染的风险。

(3)保持奶量。奶类不但含有优质蛋白,还含有维生素A等,有利于机体获得丰富的维生素A。对于1岁以后的孩子,也要每日进食400毫升甚至更多的奶类,能母乳喂养的可以继续母乳喂养,母乳中含有大量的活性抗体及其他免疫物质。

(4)注意摄入肉类、蛋类、鱼类等,这类食物营养丰富,含有优质蛋白质、铁、锌、维生素B_{12}等,这些营养素对维持机体健康及免疫力非常关键,如锌可以促进白细胞的繁殖,抑制病毒生长。

（5）食用优质油脂。大多植物油和鱼油含有丰富的不饱和脂肪酸，植物油中抗氧化能力的维生素 E 对健康也很关键。

（6）适当摄入具有潜在增强抵抗力的菌菇类食物包括香菇、木耳等。

（7）摄入充足的水，充足的水分对健康必不可少。

（8）婴幼儿注意合理选择补充剂，避免维生素 D、维生素 A 缺乏。

提醒：3岁以后的孩子，在雾霾天也要注意适量补充维生素A、维生素D，必要时在医生、营养师指导下选择补充复合营养补充剂。